The Art of
BAR DESIGN
酒吧设计艺术

[西] 纳塔利·卡尼亚斯·波索 编

潘潇潇 译

广西师范大学出版社

· 桂林 ·

images
Publishing

目录

鸡尾酒酒吧

餐厅酒吧

夜总会

啤酒吧

如何设计一家好酒吧

[西] 娜塔莉·卡纳斯·波索

本书的编辑希望我们以“如何设计一家好酒吧”为题为本书撰写前言。我最初的想法是，邀请我们为本书撰写前言，并不是合适之选，哪怕我们是一支专门设计餐厅、酒吧和酒店空间的建筑师和设计师团队。为什么这么说呢？因为我们并没有什么设计方面的秘诀。我们只相信一条适用于任何设计过程的基本规则：将创造力和热情投放到你要做的事情上。

因此，这是一篇有着个人风格的文章，我首先想到是：为什么我们要设计餐馆和酒吧呢？答案非常简单：我们热爱酒吧。

一些研究表明，世界上酒吧密度最高的国家是西班牙，每 175 个人就有一个酒吧。我不得不承认，这个数据相当准确——在西班牙，即使是最小的村庄，或是最偏僻的道路、海滩或山脉都可能有酒吧的存在。但有趣的是，到目前为止，西班牙还不是世界上酒精消耗最多的国家。那么为什么西班牙人需要这么多的酒吧呢？

在历史上，酒吧（多于教堂）是人们聚会和见面的主要场所。这跟你是刚刚来到这座城市还是一直住在这里没多大关系，你都可能会去酒吧与其他人喝酒聊天。你可以会见老朋友或是结交新朋友；你可能想庆祝一些重要的事情，或是忘记一些悲伤的事情。酒吧是家人和朋友、单身人士和情侣、社交人士和孤独者的天地。酒吧地欢迎人们的到来，这也是酒吧的魅力所在——酒吧是人们进行社交活动的典型空间。

酒吧不仅是喝酒的地方，还是会面、交谈、放松、欢笑、玩耍、跳舞、唱歌、享受等进行任何我们想做之事的地方。酒吧一直是让我们倍感自由和放松的地方，在那里我们可以做一些我们可能永远不会在其他地方做的事情。这也是酒吧能够繁盛不衰的一个关键因素——酒吧是自由的空间。

但是，令我担心的是，伴随当代发展，酒吧有了强劲竞争对手——数字世界。数字媒体的繁荣发展正在改变我们相互联系的方式这种趋势在年轻一代中更为明显。

现在，人们利用数字媒体结识朋友和爱人，在一定程度上取代了邂逅所需要的实体空间。我们利用数字媒体与他人交谈，我们利用数字媒体联系甚至是听音乐和跳舞……

这是一个我们不能忽视的事实，而它也可能是另一问题的有趣出发点：那个酒吧如何？它是一个有趣的自拍背景吗？

今天，酒吧正与数字空间展开激烈竞争，它们急需提升自身的魅力，这种意愿比以往任何时候都强烈。作为建造和热爱酒吧空间的室内设计师和建筑师，我们有责任为现实世界的数字化而奋斗。如果你还在读这篇文章，你也可能是一个设计师，而且热爱酒吧，所以让我们一起为最好的酒吧设计努力奋斗吧！

在这番热情洋溢的陈述之后，我扪心自问，我还可以为"如何设计一家好酒吧"这个主题写点什么吗？在此，我想以摩西十诫的形式分享一些我个人的建议（不是秘诀）。十诫，这样听起来更加专业、可靠。（请面带笑容读完，然后忘掉它们，或是写出你的建议。）

设计一家好酒吧的 11 条建议

1. 想要设计一家好酒吧，首先要热爱酒吧。

不仅要喜欢酒吧，而且要热爱酒吧。一生中，你可能会在酒吧中度过一段时间。这是我的第一个也是最重要的建议。

2. 想要设计一家好酒吧，你需要走访很多酒吧，不论新老、大小，有趣还是无聊。

我相信，这一本书里一定有你喜欢的酒吧。当然，还有一些需要学习和考虑的东西。在这里，我只有一个建议：品尝一下特定酒吧的招牌饮品，咨询服务员并与他们交谈。这有助于你更好地了解这家酒吧。与酒吧的服务员交谈是了解酒吧运作的最有效的方法之一。当你在城市中游走时，不妨去酒吧看看。酒吧都具有共性，但每个酒吧都是独一无二的。

3. 想要设计一家好酒吧，你需要倾听和了解发起人或业主愿意做的事情。

了解委托方的意愿非常重要，如果他们没有明确的想法，那就问他们一些问题，例如：提供何种类型的饮品和食物？顾客类型有哪些？顾客的年龄段在哪个范围？想要什么样的气氛？座椅类型有哪些？想要什么样的舒适程度？白天提供哪些服务？夜间提供哪些服务？有音乐表演吗？有赛事活动吗？需要预订吗？等等。或许，你可能不会完全按照他们的要求去做。为什么不给委托方和自己一点儿惊喜呢？如果你这样做的话，或许可以设计出一个有趣的空间。寻求差别化不失为一个很好的策略。

4. 想要设计一家好酒吧，你需要了解酒吧的最终客户。

了解这些顾客想要什么样的气氛，他们喜欢做什么，喝什么、坐在哪里与其他人交谈。一旦你确切地知道他们期待什么，试着给他们点惊喜，给他们一些特别的东西，一些令他们难忘的东西，那么他们一定会谈起你的惊喜，并将所有的朋友都带到这里！记住酒吧是自由的空间，试着设计一个让人们倍感自由的空间。

5. 想要设计一家好酒吧（或其他任何项目），你需要一个概念。

设计建筑项目需要概念，创作电影剧本也需要概念。没有概念，就不能制作出好的电影；没有概念，酒吧只剩下装潢，缺少灵魂或精神，而酒吧需要灵魂。

6. 想要设计一家好酒吧，把酒吧理解为一个提供多种不同类型场景的场所非常重要。

对于一些人来说，酒吧是吃饭的地方，是看热闹和出风头的地方，是社交场所，也是人们喝酒、忘掉烦恼的地方。每个人都试图找到属于自己的完美空间。想要设计出完美的酒吧作品，需要让自己置身于特定的场所中，这一点非常重要。尝试着想象一个人如何在这个空间内移动，他更喜欢哪种座椅，这完全取决于来访者的需求。试着创造一些有趣、新奇的场景。我们都会去酒吧，因为它们能够带给我们惊喜，而且我们喜欢这个地方。

7. 想要设计一家好酒吧，你需要找到你身边最好的照明设计师并与他们合作。

酒吧的照明设计非常重要，我认为最好的办法是总结空间和照明设计方面的专业性建议。出色的照明设计会凸显酒吧的灵魂，而糟糕的照明设计只能扼杀灵魂。在进行照明设计时，需要考虑酒吧全天所需的照明场景，并试着予以响应。例如，清洁时间、咖啡时间、啤酒时间、足球时间、鸡尾酒时间、跳舞时间、打烊时间等。

8. 想要设计一家好酒吧，你需要出色的音响效果，因而需要找到你身边最出色的声学工程师并与他们合作。

这里提供两种不同的声学设计方法，这两种方法同样重要。第一种也是最显而易见的方法，即保证空间的"声学隔绝"效果，当然，这对街坊邻里来说非常重要，通常由当地法规负责监管，因此，你只需要遵循当地的法规即可。最有效的"声学隔绝"（声学工程师时常建议）方法是创建一个与现有空间完全分离的空间，并在对其内部进行包封处理，这样一来，声波就不会传送到现有的墙壁和结构上。但是这种方法可能存在负面影响：现有空间内的任何有趣的细部元素、材料、质地、结构或特征都将不复存在。设计师与声学工程师之间的谈判就此展开。

但是，请不要忘记另一种方法：保证空间的"声学舒适"效果。糟糕的声学舒适性可能会影响酒吧内正在进行的社交活动，这将是一场真正的灾难！为了获得良好的声学舒适性，我们需要能够吸收声波的元素和材料，同时还要避免将它们混杂在一起，防止它们扭曲变形。酒吧是可供人们聊天、大声说话、听音乐和跳舞的地方。这些活动没有一种是无声的活动，这些活动将会同时进行，因此，作为设计师的我们应当将重点放在设计一个具有绝佳的声学舒适性的空间上。

9. 想要设计一家好酒吧，你需要了解酒吧设施的复杂性。

空调、电力、煤气、照明、音响、消防……它们需要与酒吧内的其他元素和谐共存，没有主要与次要之分。

因此，处于这一原因，我不会在本书的各个章节中对它们进行深入细致的探讨。

10. 想要设计一家好酒吧，你需要在运营层面上了解酒吧的运营模式。

你可能参与过酒吧的运营，或者你的好友也曾经开过酒吧，又或者你至少曾经与调酒师闲聊过几句。从运营的角度来看，酒吧是一个复杂的空间，一切都要摆放在正确的位置上，需要精确无误。此时，酒吧员工才能面带微笑地欢迎你的到来。

最后一个建议：

11. 想要设计一家好酒吧，需要重新思考和塑造每一处细节，这一点非常重要。

或许你曾经设计过 10 家酒吧，但新创意总会有：一些小惊喜,不同的坐姿,不同的酒吧类型,不同类型的入口、平台、舞池 …… 酒吧是充满欢声笑语的场所，为什么不试着让人们能够欢欢喜喜的来，高高兴兴的走呢?

（记住这只是几项关于“如何设计一家好酒吧”的建议，而将热情倾注在设计工作上着实比任何建议都重要。祝你好运！）

鸡尾酒酒吧

Absinthe Salon 酒吧

Grant Amon Architects 事务所, Fabric Interior Exterior 工作室

项目地点 • 澳大利亚，墨尔本
项目面积 • 148 平方米
完成时间 • 2016
摄影 • 格里芬·西姆（Griffin Simm）

Absinthesalon 酒吧使顾客沉浸在苦艾酒的传奇过去中。酒吧内外的设计十分协调，唤起了一种仪式感，这种仪式感建立在符合史实的盛酒器具的基础之上，引领顾客走向过去的未知。

委托方希望打造一个能够反映苦艾酒文化的空间，一个打破新规却又忠于历史背景的空间。设计团队对现有的仓库和店面进行了改造以为酒吧提供空间，同时利用现有的砖块保留并增强了街头艺术的效果，还增设了周围布满藤架的“花园温室”。内部和外部，背光的绿色立方体和垂吊式花园植物显示出其与苦艾酒的色彩联系。

将历史仪式与魅力融入后现代美学，力求在尊重传统的同时，吸引现代受众，这不失为一项挑战。设计团队与当地从事拼贴画和街头艺术工作的艺术家合作，向反映苦艾酒历史的艺术致敬，成功地实现了最初的构想。

该项目的设计理念是打造一个个性化的空间，空间内的所有元素均以展示苦艾酒文化为目的。委托方希望将时间花在座位和服务上，空间和视觉上的流动则都集中在桌子上。酒吧的设计是逆向的，可以方便酒吧员工为落座的顾客提供服务。每张桌子上都有一个手工制作的喷泉，摆放有精致的玻璃器皿和盛放苦艾酒的器具。数百只定制的郁金香形状的灯泡从天花板上垂落下来——向奥斯卡·王尔德逃亡巴黎的举动致敬——同时提供整体环境照明。在功能上，这些灯能方便酒吧员工提供服务，还能方便顾客消费产品，并为他们带来一种戏剧性的体验。随后在视觉和比喻意义上带领顾客走进苦艾酒的世界和历史，使他们沉浸在这独特饮品的神话和现实中。

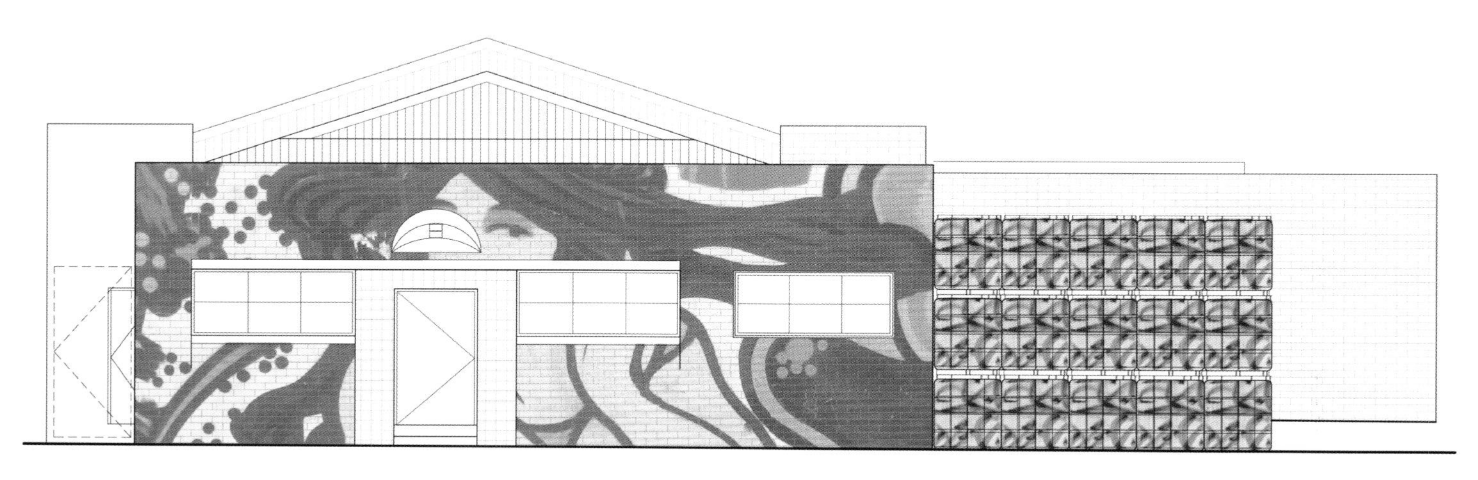

建筑立面前视图

横截面图

1/ 由当地从事拼贴画和街头艺术工作的艺术家打造的外墙
2/ 酒吧内景

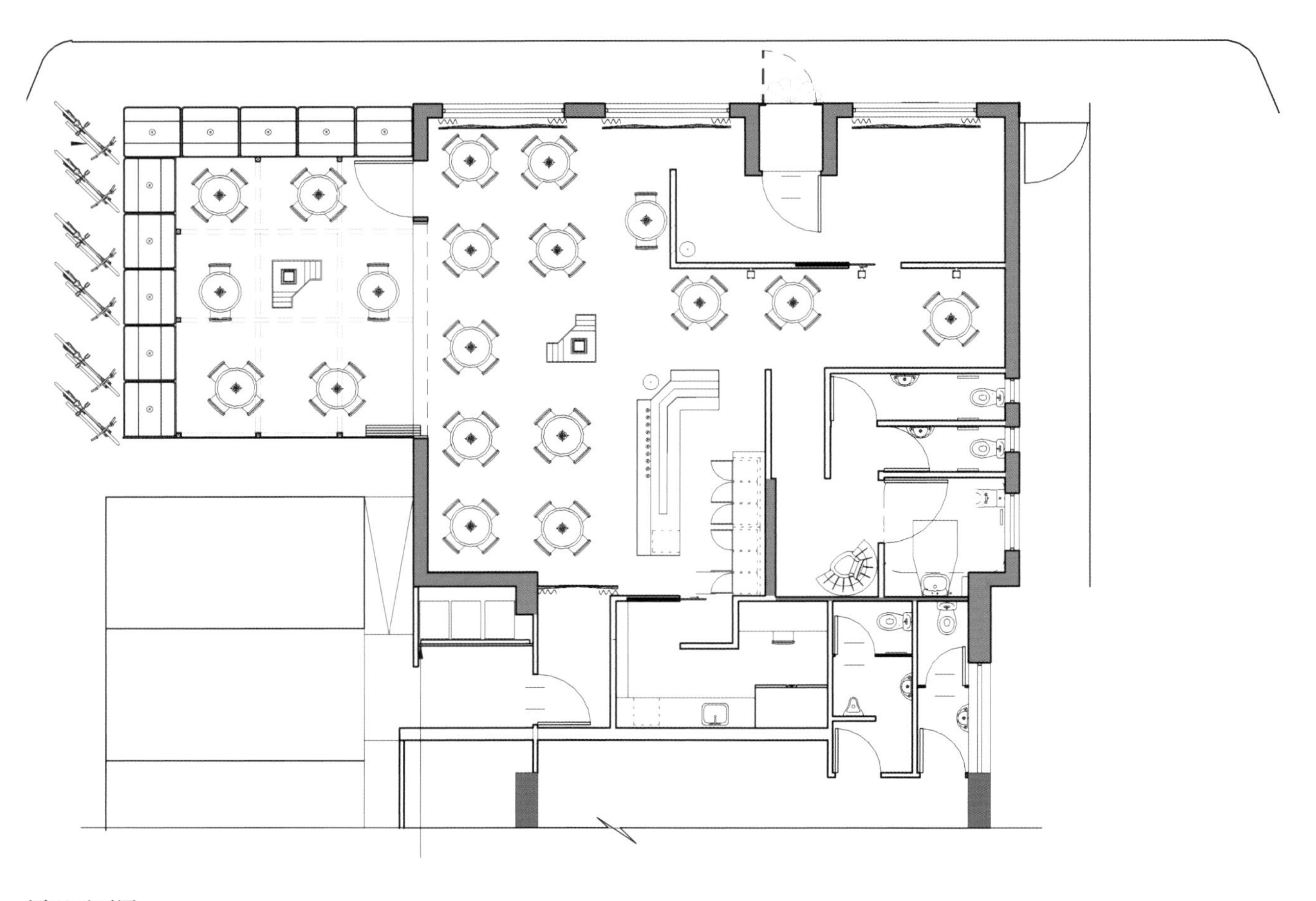

酒吧平面图

3/ 手工制作的郁金香形状的灯泡
4/ 酒吧的设计是逆向的
5/ 壁画为反映苦艾酒文化的拼贴画

ROBETTE

Apt. 酒吧

Concrete 事务所

项目地点 • 荷兰，阿姆斯特丹
项目面积 • 125 平方米
完成时间 • 2015
摄影 • 沃特·范·德尔·萨尔（Wouter Van Der Sar）

Apt. 酒吧源于公寓，是奥德安大厦内的一种“纽约风格”的居住空间。在这里，人们可以休闲放松，一边听着爵士乐，一边品尝鸡尾酒。Apt. 酒吧由两个部分组成：酒吧和客厅。

长廊的尽头有两扇铜色的玻璃门，上面挂着“Apt.”字样的门牌。通过这两扇门，人们便可进入酒吧，踏入一个满是铜制品的房间。这家酒吧的设计灵感来源于“铜制罐式蒸馏器”，伏特加酒便是用它蒸馏酿造而成的。酒吧内的所有元素，例如窗格、灯具、窗帘、镜子和墙壁均为铜制或是铜色调。顾客可以坐在两张橡木面的高桌和莲饰酒吧高脚凳旁喝一杯鸡尾酒。

除了铜制窗格外，被装饰性酒柜包围的鸡尾酒台是酒吧的焦点。装饰性酒柜和玻璃搁架上存放了所有鸡尾酒调制师所需的洋酒。整个酒柜被漆成绿色，突出酒吧的实验性质。不锈钢鸡尾酒台上方的操作灯可以保证鸡尾酒调配所需的精确度。

穿过酒吧便是客厅，这里是一个典型的纽约风格鸡尾酒酒吧，内设老式木制地板、砖墙和金属吊顶板。为了打破另一个酒吧内部的设计趋势，Concrete 事务所为典型的纽约风格鸡尾酒酒吧增色不少。整体室内设计翻转了 90 度，以此创建一个现代、清新的室内空间——利用典型的纽约风格鸡尾酒酒吧内的元素。墙壁铺上了地板，地面和天花板变成了墙壁样式。

右侧的墙壁上安装了老式的木制地板。左侧的墙壁上安装了纽约风格的金属吊顶板，上面还安装有镜面玻璃灯泡。八种彩色的、装有框架的艺术品固定在天花板上，并用特有的艺术灯具照亮。这些艺术品出自阿姆斯特丹的艺术家之手，以 PUP 机构为代表。随机放置的扶手椅、边几、沙发、凳子和灯具完善了客厅的感觉。

酒吧工作台后面是一个可 90 度旋转的定制木橱柜，使人回忆起外婆家的场景。旧木板现在为竖放，而不是横放，这样可支撑起摆放有酒瓶的玻璃搁架。酒吧工作台后面的砖墙也遮住了房子的后门。

Concrete 事务所为 Apt 酒吧设计了名称、标志和品牌形象。Apt 源于公寓，这个名字非常贴切，突出了场地内的客厅氛围。Apt 的标志是用经典的衬线字体设计而成的，在铜制门板上得到很好地呈现。鸡尾酒菜单藏于老式书籍内，也散落在客厅内、边几上和酒吧里，当然，菜单上也有一个铜制铭牌。

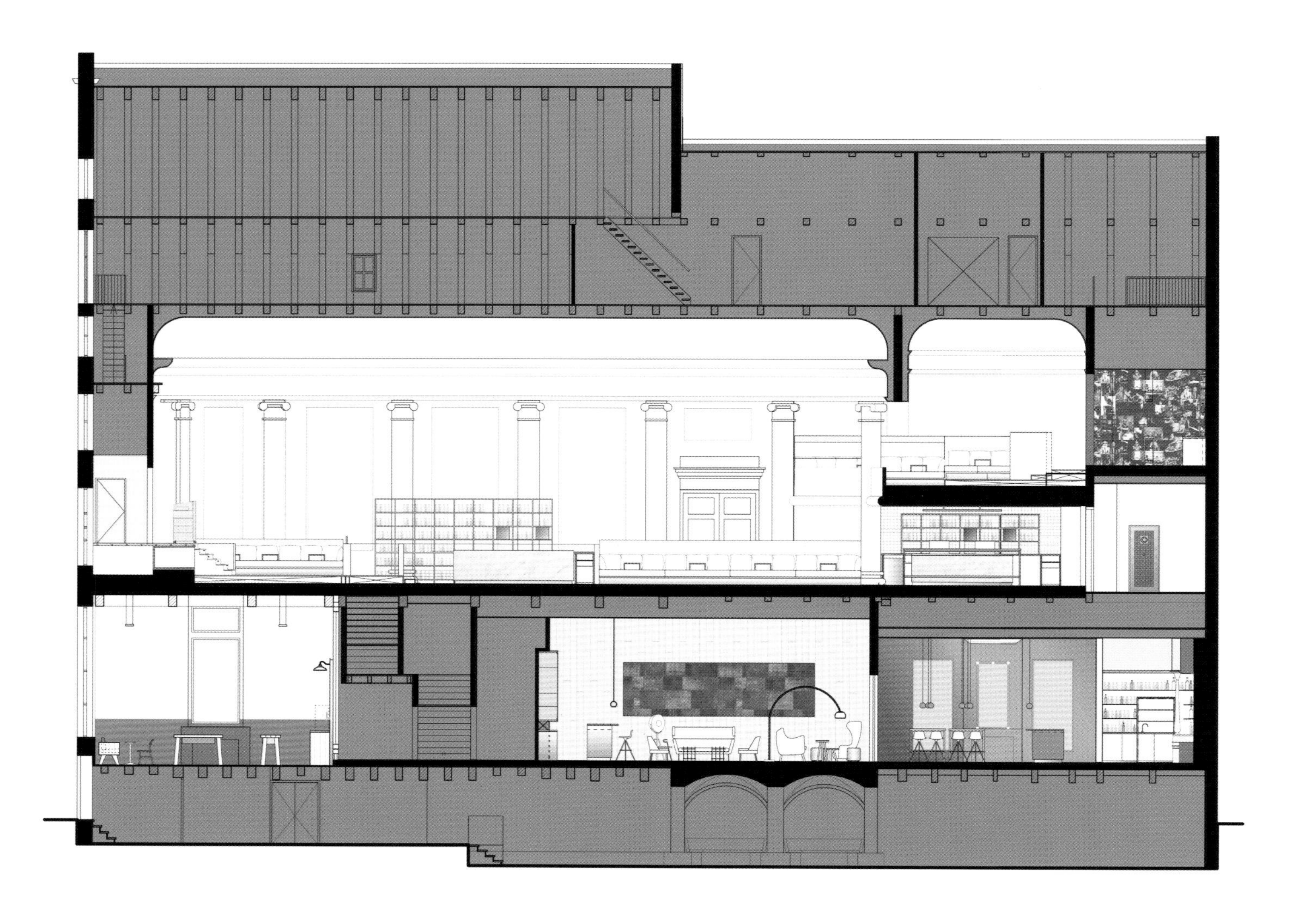

剖面图

1/ 客厅
2/ 酒吧

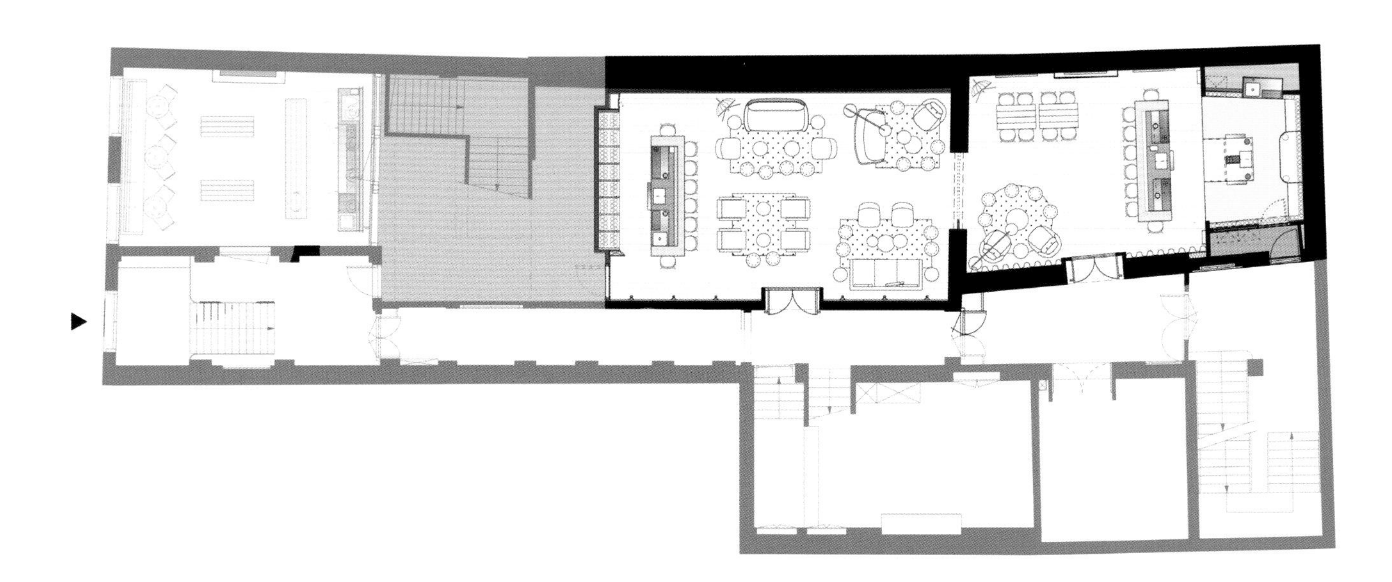

酒吧平面图

3/ 客厅入口
4/ 客厅酒吧
5/ 铜酒吧

everyday is

Benedict 日常酒吧

Goort 工作室

项目地点 • 乌克兰，哈尔科夫市
项目面积 • 92 平方米
完成时间 • 2016
摄影 • 伊凡·阿夫杰延科（Ivan Avdeenko）

设计团队的任务是在城市中心打造一个小酒吧，使人们可以每天在这里见到调酒师、朋友、同事和其他曾在繁忙、拥挤的城市街道上见过的人。夜晚时分，人们可以到这里听一首爵士乐，品一杯鸡尾酒。

设计团队开始了酒吧的设计工作，他们按照项目场地的规则进行设计，而不是试图再现特定的风格。对项目场地原有的外观进行探索，这一点非常重要，更何况这里恰好是一个地下室，仅有一扇窗户和低矮天花板，所以将其改造成一个人们愿意再次光顾的地方并非易事。

设计团队拆除了所有的装潢，了解了他们必须进行处理的部分：砖墙、混凝土和金属加固隔墙。另外，他们还添加了一些深色木材、金属条、外露布线和通风管道，并提出了一个室内设计方案——室内包含某些工业风格的元素，在本质上有一股阳刚之气，这也与酒吧的名字相符。

基本色调为深灰色，某些细部使用对比强烈的黄色。颜色应用不仅体现在装潢细部、家具和布景上，在照明设施（霓虹灯、隐蔽照明）和酒吧的视觉标志上，即酒吧墙壁上的标志和海报也有所体现。设计团队拆除了空间内使用了数年之久的多层旧装潢，这样有助于扩展空间面积，提高天花板的高度。设计团队对厨房和杂物间进行了重新设计，从而获得更多的空间。入口处的台阶旁还设置了一张大餐桌。

空间内的主角是吧台。吧台有一个 9.3 米长的混凝土底座和一个金属补缀的木制台面，可以围坐 12 位客人。吧台后面设有一个小房间，用来存放设备，并为三位调酒师提供更大的操作空间。

入口是酒吧空间的一个外延结构——长凳和小型吧台构成了一个带有入口结构的单一整体。访客和路人非常喜欢这种设计思想。整个结构是用漆成黑色的金属打造的。酒吧大门使用了明亮的黄色，即便身处于灯火通明的大都市，也十分显眼。

室内设计的一个关键要素是餐桌的复杂结构。餐桌设计结合了酒吧内部的四个构成要素：金属、木头、砖块和混凝土。

餐桌的底座由遍布酒吧内部的黑色金属条制成。用在墙板、搁架和其他家具上的木料与吧台台面所使用的材料一样。桌面的粗糙边缘与砖墙相呼应，而桌面的金属嵌件也适用于吧台后面的混凝土墙。吧台上方的灯具沿用了餐桌底座的图案，而黄铜补缀则将暖色调的灯光反射到吧台和调酒师的工作台上。

“日常酒吧”的品牌形象进一步体现在各种印刷材料上，并将这一信息通过名片、菜单设计和墙壁上的海报及照片传递给顾客。印刷材料还加入了有质感的纸板和木制细节，以此为顾客带来一种愉悦的触觉感受。设计团队希望打造一种热情周到的形象，使室内装潢富于质感和阳刚之气，并将酒吧鲜明的细部设计永远留存在顾客的记忆中。

1/ 酒吧入口

2/ 吧台上方的灯饰

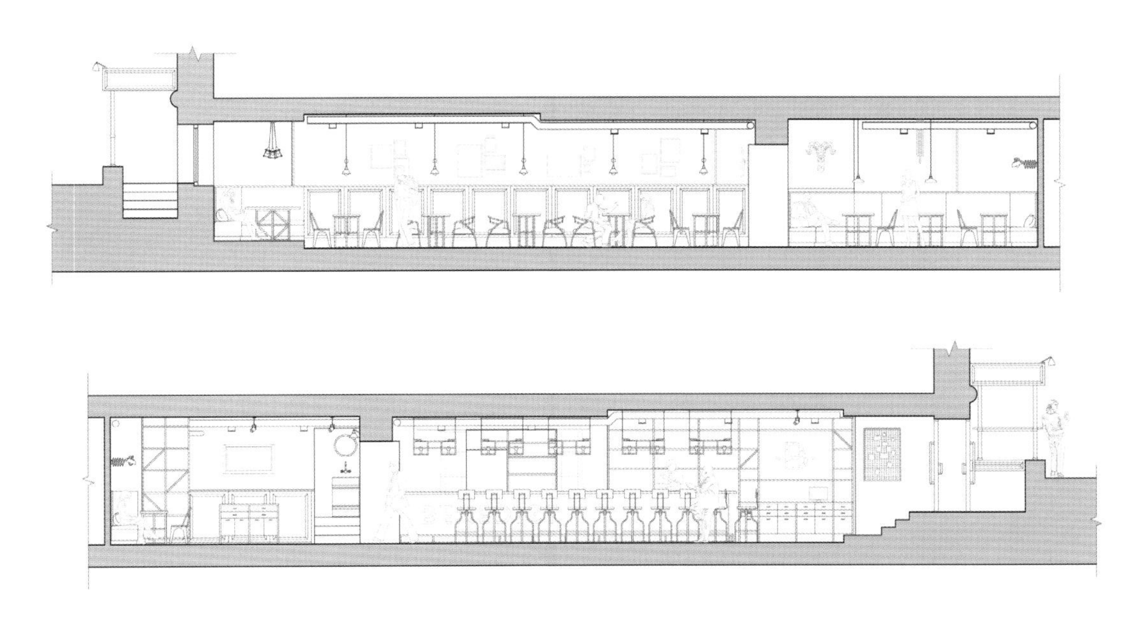

酒吧剖面图

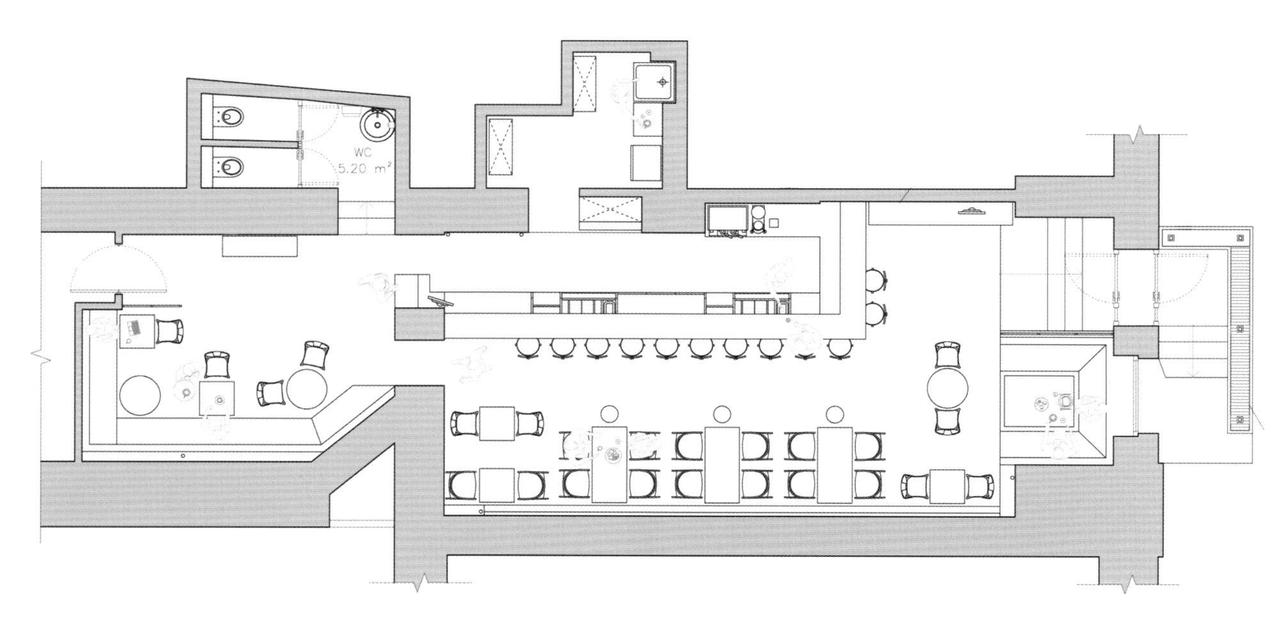

酒吧平面图

3/ 酒吧区域

4/ 座位区

5/ 用旧啤酒桶打造的工业风水槽

One Ocean 俱乐部中的蓝浪酒吧

El Equipo Creativo

项目地点 • 西班牙, 巴塞罗那
项目面积 • 198 平方米
完成时间 • 2016
摄影 • 阿德里亚·古拉 (Adrià Goula)

巴塞罗那港口的蓝浪鸡尾酒吧的室内设计如同一朵即将破碎的浪花，将到此休闲的顾客拢在一片光影斑驳的充满海洋的气氛中。业主向设计师提出的空间设计要求是：让顾客一边在优雅的氛围中品尝鸡尾酒，一遍欣赏巴塞罗那 One Ocean 俱乐部游艇停靠区的美景。酒吧所在建筑的形态非常特殊：它是一根长边朝向水面的长长的管子，透过白色格栅，阳光可在黄昏时刻为室内带来斑驳的光影。

酒吧室内设计的构思是波浪。被打破前的波浪滚成一个浪卷，这是一个水润的、动态的并且单一的空间，充满了反光和阴影，金色的日光断成一片一片飘在海面上。设计师将细小的反光材料统一用在地板、墙面和天花板上，营造出被海浪包裹的空间感受。瓷砖是最合适的材料，既能满足设计需求，又能体现地中海地区的建筑特色。项目使用的瓷砖全部由当地工匠手工制作，波浪铺装的色域从深蓝过渡到白色，最终与白色混凝土格栅一起围合出一个浪花泡沫般的蓝色空间。金色元素则唤起了阳光照射在水面上波光粼粼的质感。

酒吧的北侧是一个宽阔的露台，被设计师赋予了地中海海湾的概念，一边是波光粼粼的海面，一边是茂密的植被，阶梯状的地形创造了丰富的空间，坐在这里，人们可以听着海浪的声音，凝望远方的地平线，放松身心。

木质铺装塑造出露台的高度差，其中有一片区域为贵宾专区，舒适的长条座椅与地中海独特的植被明确了区域的边界，同时确保了场地的私密性。

低矮的大理石桌面有各种各样的形状，如同海浪拍打沙滩时岸边散落的鹅卵石。长方形的酒吧空间布局非常清晰明了，两端分别与入口和露台相连，吧台则与主外立面平行而置。

镂空并且反光的外立面将室内外空间联系起来，立面上装饰的白色镂空小格子被视作波浪的一部分。设计师巧妙利用反射性的、闪光的蓝色材质，例如瓷砖、大理石板、金属和玻璃等，让波浪这个概念在整个空间内延续，并将这些材料制作成面板，拼成吧台后方的酒架面板。陈列的酒瓶是吧台最显著的特征。吧台也是波浪的一部分，由一块从天花板悬挂下来的大理石板构成，顾客可坐在大理石板的另一边尽情享用鸡尾酒。

1

1/ 酒吧全视图

2/ 酒吧内部

3/ 酒吧外部的座椅长廊

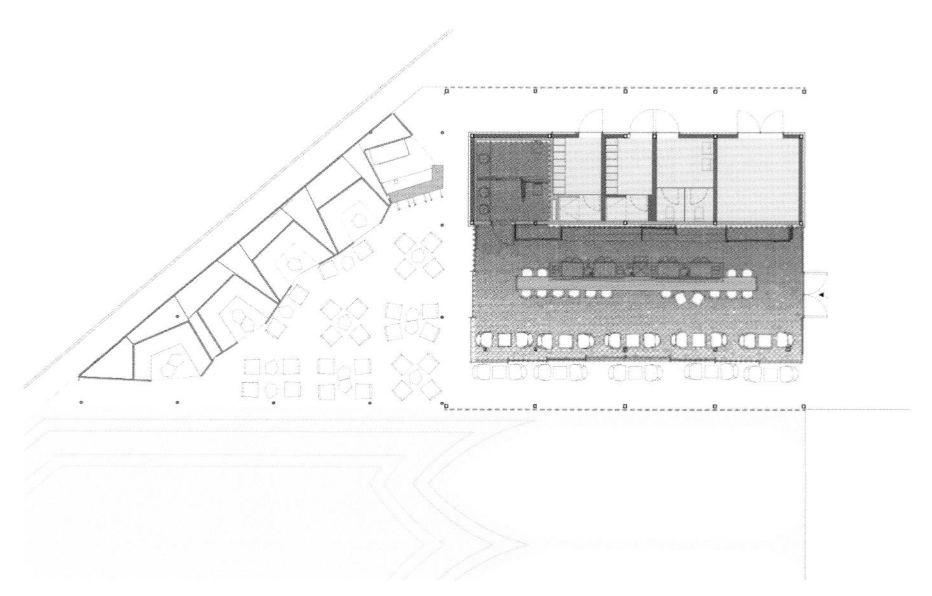

平面图

4

4/ 巴塞罗那码头的水上露台
5/ 露台全视图

5

Canvas 酒吧

Space Modification Unit

项目地点 • 中国，北京
项目面积 • 538 平方英尺（50 平方米）
完成时间 • 2017
摄影 • 简单制作有限公司（Kin Lo Photo）

这家酒吧的名字为设计方向和本质提供了灵感。设计团队根据打造时尚、别致、独立的酒吧的想法构思了这家酒吧，同时为多种不同的酒精饮料标签或品牌提供一个低调的展示舞台，暂时性地替代了画布，展现它们自身的美感。

Space Modification Unit 构建了一个不含任何设施的狭小空间，空间的灵活性使其能够适应不断的创新和创造。矛盾与和谐共存，内部设施定期变换更新。椭圆形的酒吧岛台实现了全方位的眼神交流和社交互动。酒吧岛台以独立的支架作为醒目的装置。傍晚时分，灰色基调和白色光圈给人以电影场景的感觉，其设计灵感来源于 20 世纪 70 年代和 80 年代的 Kubrick 和 Tron。光圈成为焦点和鲜明标志，上帝便是酒吧老板。这也是一个备受欢迎的留影地点。

材料搭配与周围环境相融，但在质地上形成对比。拉丝铝与黑色花岗岩十分相配，灰色的丙烯酸材料也与光线十分相配。傍晚时分，灰色基调和明亮的光圈给人以电影场景的感觉——具有悲观色彩的影片，加入了少许鸡尾酒色彩和潘通色的潮人装扮。空间周围的集成线性 RGB LED 照明系统可以调整空间的色调和外观，以适应特别的活动或主题。被金属网栏杆围护的窗口与整体的空间风格保持一致，并从外观上最大限度地扩展了视野。

1/ 主座椅区的景象
2/ 透过金属网栏杆可以看到外面的景象

2

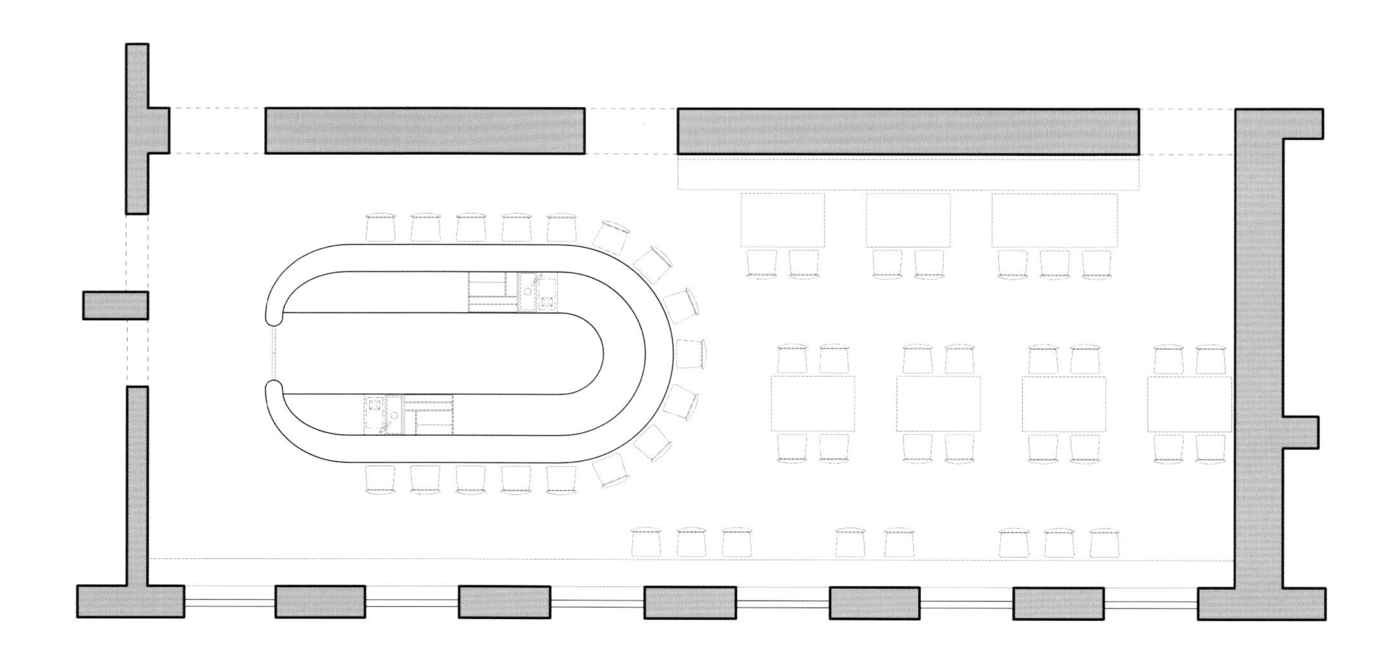

酒吧平面图

3/ 岛台
4/ 酒吧货架细部
5/ 酒吧上方的光圈

Cella 酒吧

FCC Arquitectura

项目地点 • 葡萄牙，亚速尔群岛，皮可岛
项目面积 • 407 平方米
完成时间 • 2015
摄影 • FG+SG

Cella 酒吧位于亚速尔群岛的皮可岛最西端，正好位于大西洋中央。这个项目的目标是重建并扩建现有建筑，充分利用这个恬静宜人的场地。

场地条件限制了项目的展开，项目是从这里开始的，并为结构扩建奠定基础。设计师对原有的玄武岩结构进行了巩固和修复，保留了它的基本特征。扩建工程包括在现有建筑的基础上创建一个新的体量。新的体量有别于现有建筑，却增进了新旧元素之间的对话。

亚速尔群岛与鲸鱼、大海、海浪紧密相连，皮可小岛在外形上酷似葡萄酒瓶，这在世界上是独一无二的，因此在概念层面上，这些有助于为设计师提供绘制参考。建筑的线条借助其蜿蜒、动态的有机曲线，与最初的概念进行类比，与现有建筑的正交、刚性语言形成对比。

木料在涂层加工中扮演着重要的角色，时常被用于建造建筑立面、平台铺面和家具。在施工过程中，木料也被应用到室内模板中，工程结束后，设计师决定将其保留下来，并将其视为建筑不可分割的一部分。后来，雕塑家保罗·内维斯（Paulo Neves）赋予模板以价值，这位雕塑家用玄武岩创作的作品很好地融入空间的外观布置。

外观造型自动反映到了空间内部。家具设计适应了所需的环境，与外部场所保持一致，同时还要与它的功能相容，而且要经久耐用。

建筑空间的设计对于任何行业来说都是非常重要的。与造型一样，这栋建筑物的功能对于日常业务的平稳运行至关重要。桌椅的布局和类型必须利用空间，实现功能性的同时满足容纳需求。阳台设计采用了同样的方式，与其他空间和谐相融，因此，它也是利用应用于建筑中的所有概念构建而成的，同时兼顾了这类结构必须具备的功能性。

空间绘制并非易事，特别是在 Cella 酒吧所在的这样的小岛上。这里的景观恬静宜人，自然环境不得被任何“非自然”

的客体所打扰。设计师认为，利用已经融入场地建筑的有机形式进行设计，才能实现最初的构想。他们以柳杉和玄武岩等天然的当地材料为主要材料，从而实现了建造空间与自然环境的融合。

1/ 旧建筑一楼的主要空间
2/ 建筑空中俯瞰图
3/ 旧建筑二楼的主要空间

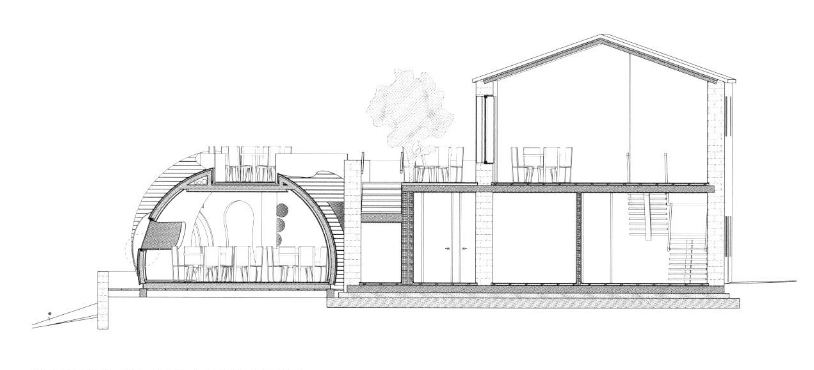

新建筑与旧建筑剖面展示图

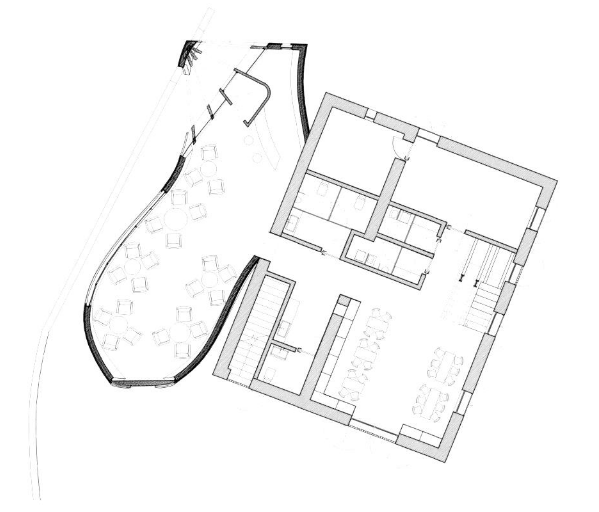

一楼平面图

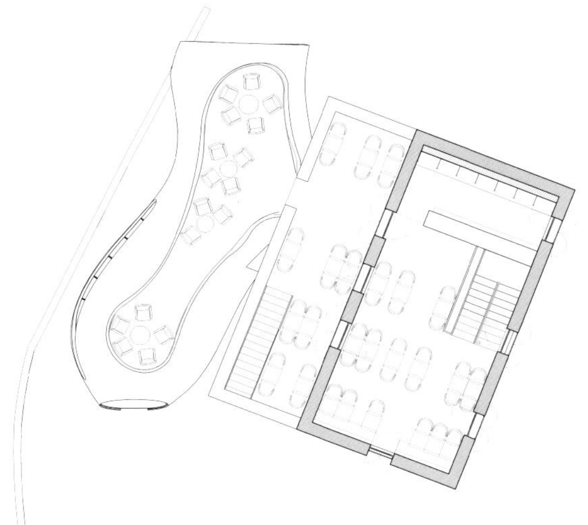

二楼平面图

4/ 连接新旧建筑的走廊
5/ 新建筑一楼的主要房间
6/ 模架细部
7/ 窗户细部

5

6

7

Matcha

Dr. Fern’s Gin Parlour 酒吧

NCDA 设计工作室

项目地点 • 中国，香港
项目面积 • 1076 平方英尺（100 平方米）
完成时间 • 2015
摄影 • 丹尼斯·洛（Dennis Lo）

这家酒吧是模仿一位专注于植物研究的古怪医生的诊所进行设计的——延续了 NCDA 设计工作室在酒吧和餐厅设计上的特点，NCDA 工作室设计的酒吧和餐厅内饰均围绕富有特色的故事展开。

这家酒吧的入口处设置了两扇门，其中一扇超大的门上面挂有诊疗室的铭牌，另一扇门上挂有候诊室的铭牌。那扇超大的门（此门不开）上面张贴了一则通知："候诊室，治疗中，紧急情况请联系隔壁的医生。"那扇约 1.5 米高的小门（敞开）上面显示着"Dr. Ferns 为所有人提供先进的非手术治疗方法"。

在空间内部，时光倒流，100 平方米的舒适空间展示了一个 19 世纪的以药房为灵感设计的客厅，这里的天花板比较低矮，营造了一种舒适、惬意的氛围。低矮的扶手椅和色彩饱满丰富并覆有花卉图案织物的凳子、染色皮革和天鹅绒分组摆放着，为空间增添了一种迷人且极具想象力的环境感。

药房与杜松子酒相遇，深色的木板墙、柔和的深绿色和白色的空心格子砖铺面，以及一系列以植物为灵感的元素，包括饰以花卉插图的定制壁纸，从天花板梁上垂落下来的仿真植物，用树脂制成的装在定制壁灯台内的永生花，展示各种草药和彩色液体的药用罐子，营造了一个多层次的环境，与花卉香气的复杂感相呼应。在传统巴黎药店的启发下，酒吧充当了上演这一复古风格戏剧的中央舞台，这里对 250 种类型的杜松子酒进行了展示，在一系列迷你拱门的后面，酒吧调酒师身着白色实验服，为顾客提供服务。对面是一个摆放古玩的大型橱柜，利用一堆耐人寻味的药用罐子和草药突出同样精巧的元素，而定制的琥珀色照明装置则带领人们回到那个昔日的享乐主义时代。

Dr. Fern 对大自然的热爱，促使其开了一家杜松子酒酒吧，他利用当地新鲜草药和植物，配以他从世界各地精心挑选的杜松子酒来治疗病人的疾病与由压力引发的症状。顾客可以随时光顾这里，获取他研制的滋补性杜松子酒处方，Dr. Fern 随时欢迎顾客到这里进行日常检查。

1

1/ 酒吧休息空间的景象
2/ 摆放古玩的大型橱柜
3/ 酒吧左侧为 DJ 位置，右侧为摆放古玩的橱柜
4/ 定制壁灯

3

4

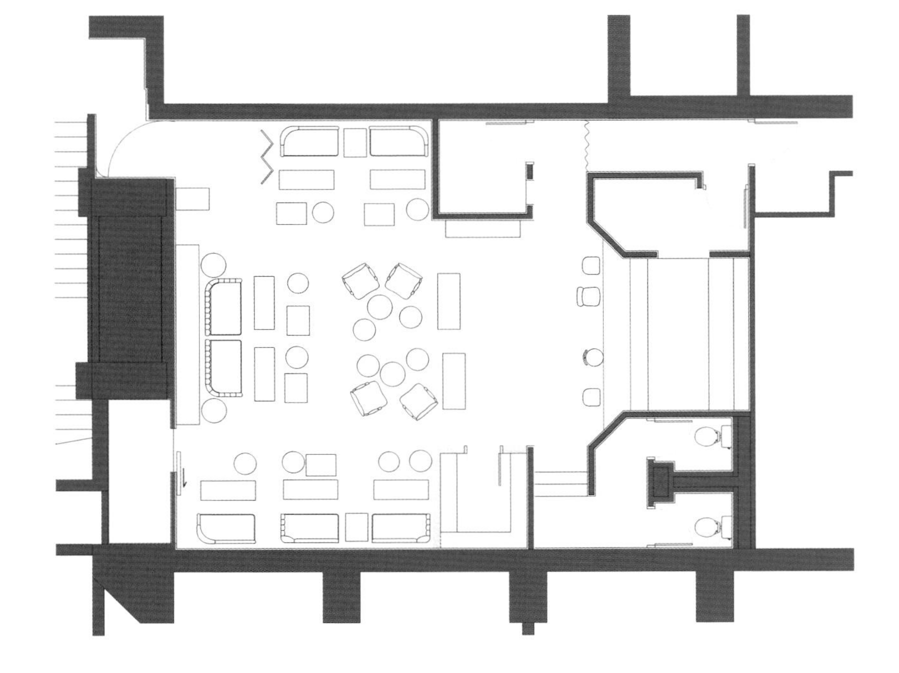

酒吧平面图

Foxglove 酒吧

NCDA 设计工作室

项目地点 • 中国，香港
项目面积 • 399 平方米
完成时间 • 2015
摄影 • 丹尼斯·洛（Dennis Lo Designs）

这家鸡尾酒酒吧的隐藏身份是一家雨伞商店。Foxglove 是香港一家备受瞩目的新酒吧。酒吧设计空间旨在向经典的英国传统致敬——最优秀的手工制作雨伞和传统的私人会员俱乐部。

进入 399 平方米的空间，仿佛一个奇幻的世界，其设计灵感来源于一位英国绅士的环球冒险，并以他最喜爱的花朵命名。通过 Fox 商店一道“秘密”的门，进入一个优雅的走廊式精品店，陈列着一尘不染的金柄或银柄伞，其风格源于电影《王牌特工：特工学院》。转动精心伪装的银色伞柄，便可进入 Foxglove 酒吧的专属密室。这个复古怀旧的用餐空间会给客人带来不一样的感受，客人可以在这里体验头等机舱、车厢和老式汽车的无与伦比的奢华感，并发现一些藏于其中的元素。

这个电影设定场景使用了暗色饰面、阴影、形态和丰富的材料，使这里成为一个充满男性格调的空间。鸡尾酒吧的特色是设置了优雅的银灰色大理石吧台，位于空间的中心，暗示了它们的隐蔽性。在淡黄色天花板的衬托下，豪华的深墨水蓝皮革座椅可容纳 80 位客人。同时，贵宾室采用了血红色的豪华座椅，可以容纳 32 位客人。设计在空间中营造出老式头等车厢的氛围——微拱的天花板，伞柄打造的墙壁。定制灯光让人联想到经典的汽车前照灯，增加了电影氛围。要想进入贵宾室，客人需要将手放在走廊尽头花朵图案的画作上直至其发出光亮，以提醒酒保为来访者开门。

酒吧内部以标准的藏书室为背景，书架将墙壁和天花板覆盖，摆放有舒适的皮质俱乐部椅，设置了宝石蓝色调的大理石吧台。所有元素都严谨地布置其中。这种梦幻之感一直延续到走廊一头的船舱式洗手间，虚虚实实的设计手法，让各种元素的融合更为和谐有趣。

1

1/ 主休息区的内景
2/ 包厢的内景
3/ 卫生间走廊内景
4/ 卫生间定制水池内景

3

4

5

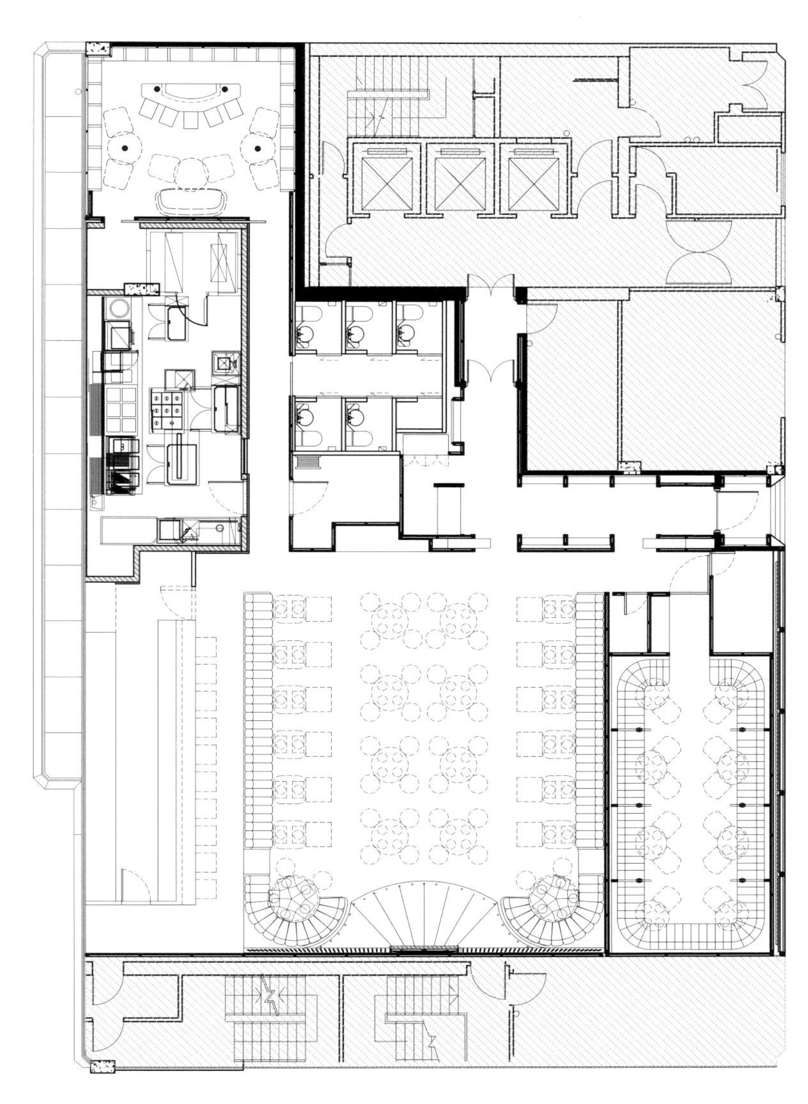

酒吧平面图

5-6 / VVIP 包厢内景

JIS 酒吧

Wholedesign 股份有限公司

项目地点 • 日本，北海道，札幌市
项目面积 • 1199 平方米
完成时间 • 2016
摄影 • Nacása & Partners 股份有限公司

JIS 酒吧位于北海道札幌市，它可能是世界上最具前瞻性的酒吧。设计团队将其设计成一个超乎想象的非凡空间，使其激发人类的预想和创新精神。这家酒吧将时间设定在未来两百年以后，设计团队将酒吧构想为天上人间，这里的巨型豆茎耸入云端。漂浮于云端的奇妙感吸引着人们。这种从未经历过的奇妙之感，就好像控制引力时所产生的感觉。

现代社会存在很多线性空间，不过，融入植物或是沿着植物而建的空间却是越来越多。现代线性设计的形象或许有些强硬，但融入了现代设计却充满生气。从这种趋势上看，这家酒吧是通过构想“空间自身似乎能够呼吸，而且充满生机和活力，在失去引力后产生漂浮效果”，来进行设计的。

入口围栏外还设有一片休息区。与入口围栏完全不同的是，休息区呈现了一种和缓、放松的氛围。头顶上方的金色斑影会使人们产生一种置身于夜空闪烁繁星中的感觉。宇宙的磅礴和光辉被封闭在这个空间内。明亮的红木和木质纹理营造了一种轻松的气氛，同时加入了铜金色的光线，使空间色彩变得柔和。天花板上闪烁的微光使人联想起一处休闲、放松的场所。

1

1-2/ 吧台
3/ 酒吧区

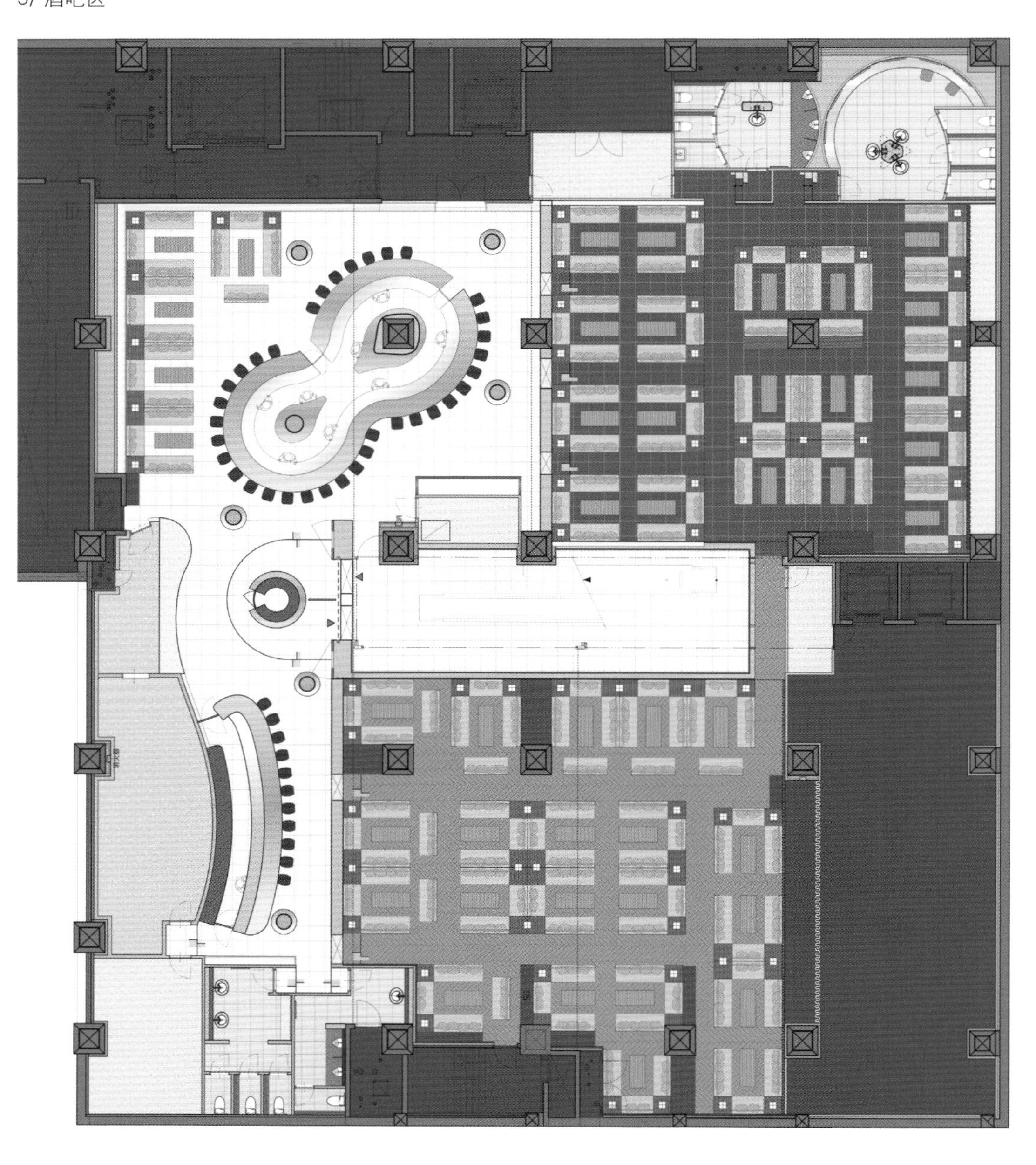

平面图

2

3

O&S CLUB
Coffee. Cake
Beer. Wine.
Today Special

O&S 酒吧

堂晤设计（TOWO Design）

项目地点 • 中国，上海
项目面积 • 110 平方米
完成时间 • 2015
摄影 • 堂晤设计（TOWO Design）
奖项 • 2014-2015 亚太室内设计大奖

这是一家坐落在上海闹市区的酒吧，共两层，面积不大，空间也很不规整。而作为一个酒吧，要想设计出特色，是比较有挑战性的。如何利用不规则的空间营造出不同的氛围成了设计的重点。

因为空间的局促，并不适合做特别突出的造型，设计师在设计理念上选择突出整体的肌理质感。为了突出效果，设计师选取了清水混凝土、做旧的金属、斑驳的老船木、光滑的玻璃、镜面等元素穿插交替，而在其中又掺杂进水晶灯具、大量艺术陈设品。用明艳的暖色去中和冷色调，这是设计师给这个项目的设计定向。

一楼的一侧是手工制粗糙水泥地面，搭配怀旧复古的矮柜和玄铁楼梯，另一侧则是店主人收集的古董茶几，兼具售卖和观赏的效用。一片星星般的灯光从二楼的几十根线条中拉扯而下，像一闪而过的流星，而在这里，它变成了永恒；设计师选用了极富科技感的铁艺框架座椅，它们是家具，却更像一组雕塑作品。本设计中，从旧房拆迁中收集来的老木头成了重头戏，从软装到硬装、从墙面到顶棚都用到它，整个空间浑然一体，无形中扩大了视野，使局促的空间得到了放大。同时，一种怀旧的高冷风被呈现出来。

二楼玄关处，有杯具展示，又有古董的杂陈摆放。另一侧的天花板设计有一排灯泡，使整个空间既有趣又动感十足。

最后，设计师在硬装基础上又采用了大量绚丽色彩：从墙上的大幅挂画到台面上的花瓶和装饰沙发，与冷感材质的硬装形成巨大反差。冰与火的冲突，带来了与众不同的融合，给进入到空间里的人一种复杂而又绵密深远的体验。

1

1/ 前台
2/ 座椅区

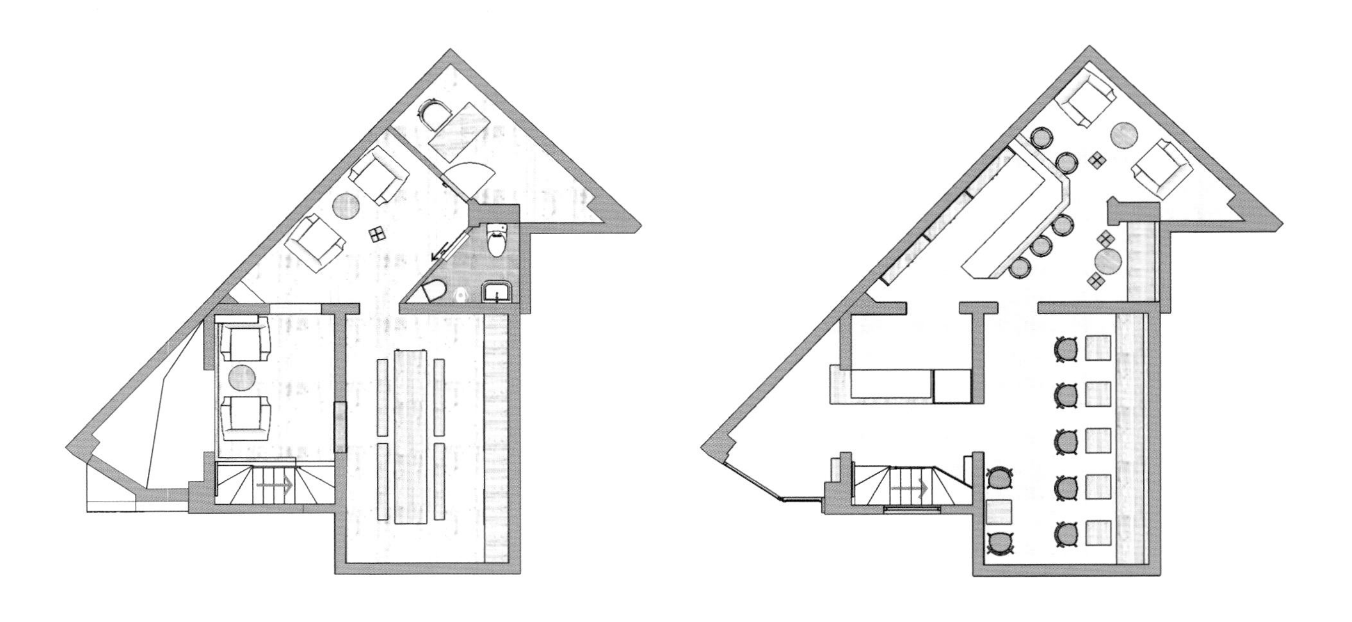

酒吧平面图

3/ 艺术壁画
4/ 复古风格的黑色精钢楼梯
5/ 二楼休闲娱乐区
6/ 酒吧区

5

6

Ricca 酒吧

Roito 股份有限公司

项目地点 • 日本，东京
项目面积 • 71 平方米
设计师 • 神田亮平
完成时间 • 2016
摄影师 • 中道淳（Nacasa & Partners 股份有限公司）

Ricca 酒吧位于神乐坂，在那里人们可以感受日本的传统气息。设计师希望通过该项目的设计，使人们感受到日本的美。

“花见”是一项独特的活动，意为“樱花观赏”，设计师以此为灵感，设计了这家酒吧。这项独特的活动只发生在早春时节的那几周。这家酒吧的设计结合了花见之美的感染力和脆弱性，将花朵的媚态与凋零展现给人们。

这家酒吧由休息区和包间组成。两个空间的天花板均以残缺的花朵元素进行装饰。这些元素是用全息图片进行树脂处理，并用激光进行切割制成的。

全息图片本身的特点使顾客可以看到不同的颜色和反射光线，它们看起来好像绚烂飞舞的花朵。设计师在树脂材料中加入了半透明的红色胶卷，为休息区增添了几许迷人的色彩。与此同时，设计师还在卡拉 OK 包间内摆放了全息图片，自然地反射光线，以此营造积极活跃的气氛。包间中央，全息图片从天花板上垂落下来，从内到外布设好光线。外部的光线随意反射，内部的光线向天花板和墙壁投射出花瓣图案。在这家酒吧内，设计师以多种方式对花朵之美进行了重新解读。

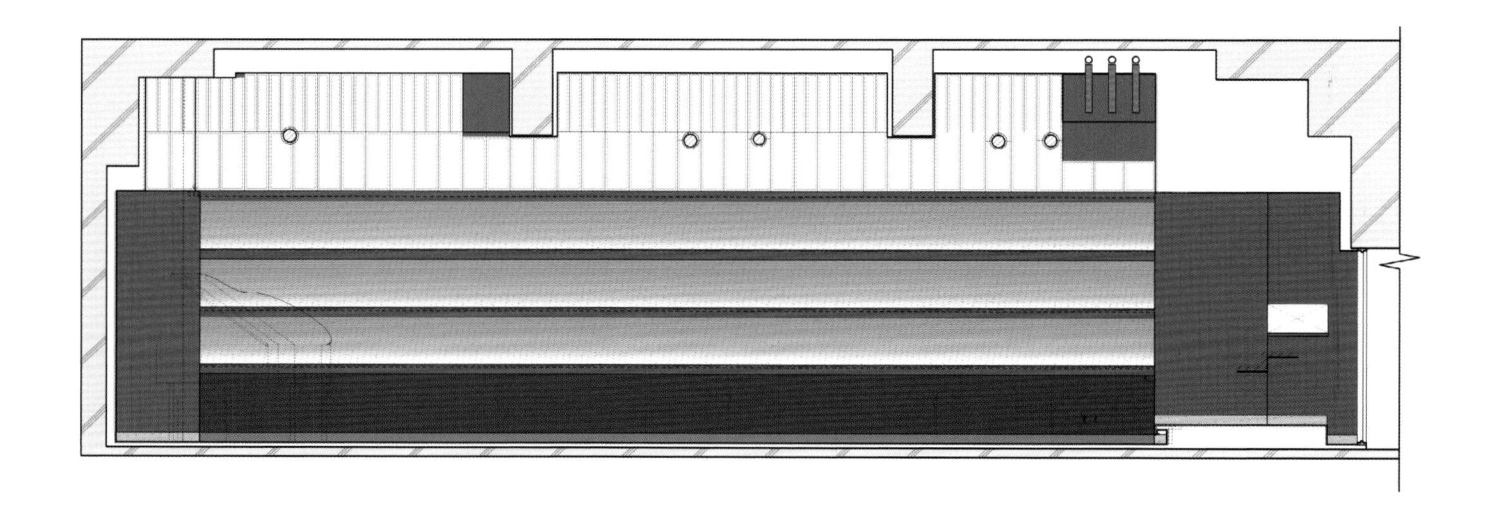

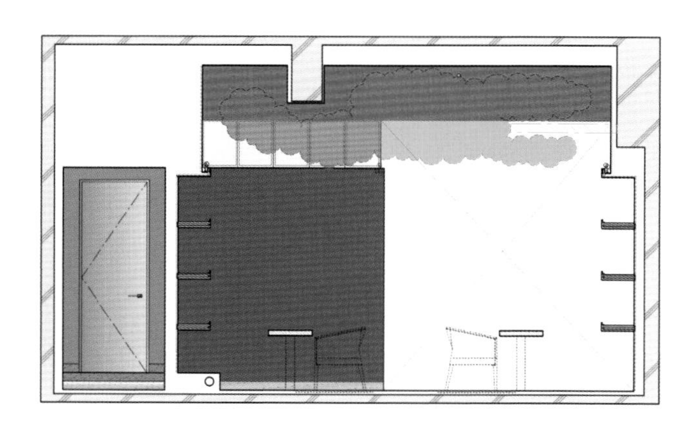

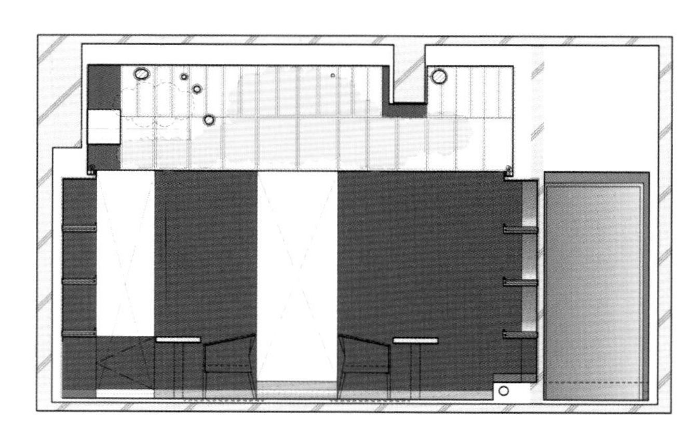

立面图

1/ 酒吧区内景
2/ 天花板艺术

3

3-4/ VIP 包厢

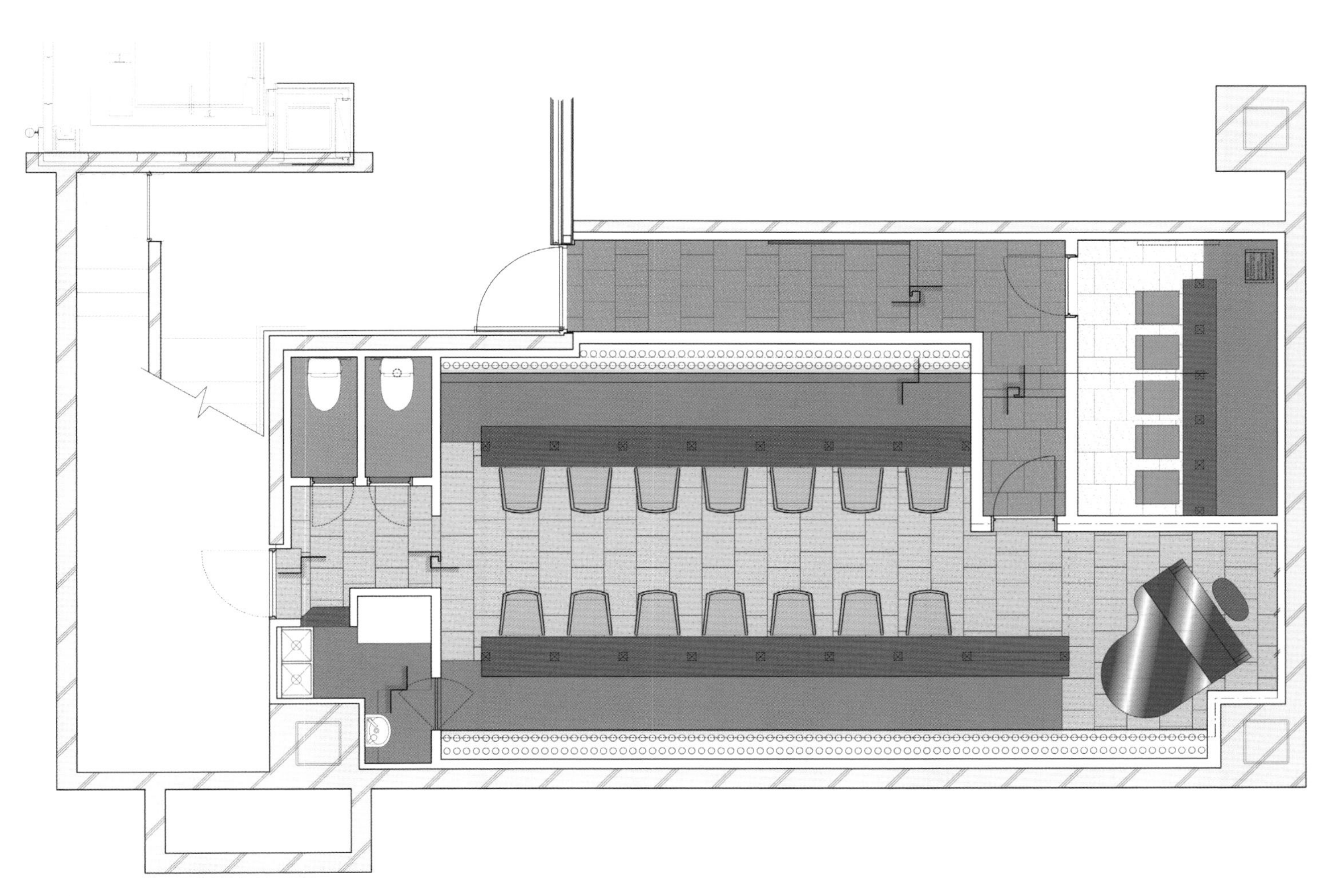

平面图

餐厅酒吧

Abyss 酒吧

6th-Sense 室内设计

项目地点 • 意大利，米兰
项目面积 • 105 平方米
完成时间 • 2016
摄影 • 丹尼尔·萨斯（Daniel Sas）

这家酒吧的灵感来自挪威传说中的北海巨妖，这也许是人类能够想象到的最大的怪兽。在北欧的民间传说中，巨妖在从挪威到冰岛的海域出没，最远到达过格陵兰岛。据说这个巨妖可以一次吃掉一艘船的全体船员。

酒吧上方的章鱼就像是一个深渊的守护者，保卫着迷失世界的宝藏。

设计师根据神话，想象船员和巨妖之间展开了激烈地搏斗，然后被海怪所食，设计师利用几个元素，展现了当时的搏斗场景：触角的位置、刺向触角的武器。其中一个海怪的触角正将船拉向深渊。

触角的结构以万向十字系统为基础，这样便于安装。每只触角都有 9 米长。在 10 台投影机的帮助下，于天花板上投射出梦幻海洋和抛光漆铜材料的 3D 影像，使章鱼很好地适应了这里的海洋环境！

老树干用绳子捆绑在管道上，对酒吧的背面进行了装饰，意在带领人们进入古老沉船的超现实主义氛围，而这只有那些敢于尝试解开它奥秘的人才能发现。蒸汽朋克风格的物件为这个海底世界增添了价值，使那些进入酒吧的人想象着自己正置身于大海，并在这些物件的帮助下奏响海洋的神奇之音。

1/ 酒吧外景
2/ 吧台
3/ 铜管
4/ 座椅区

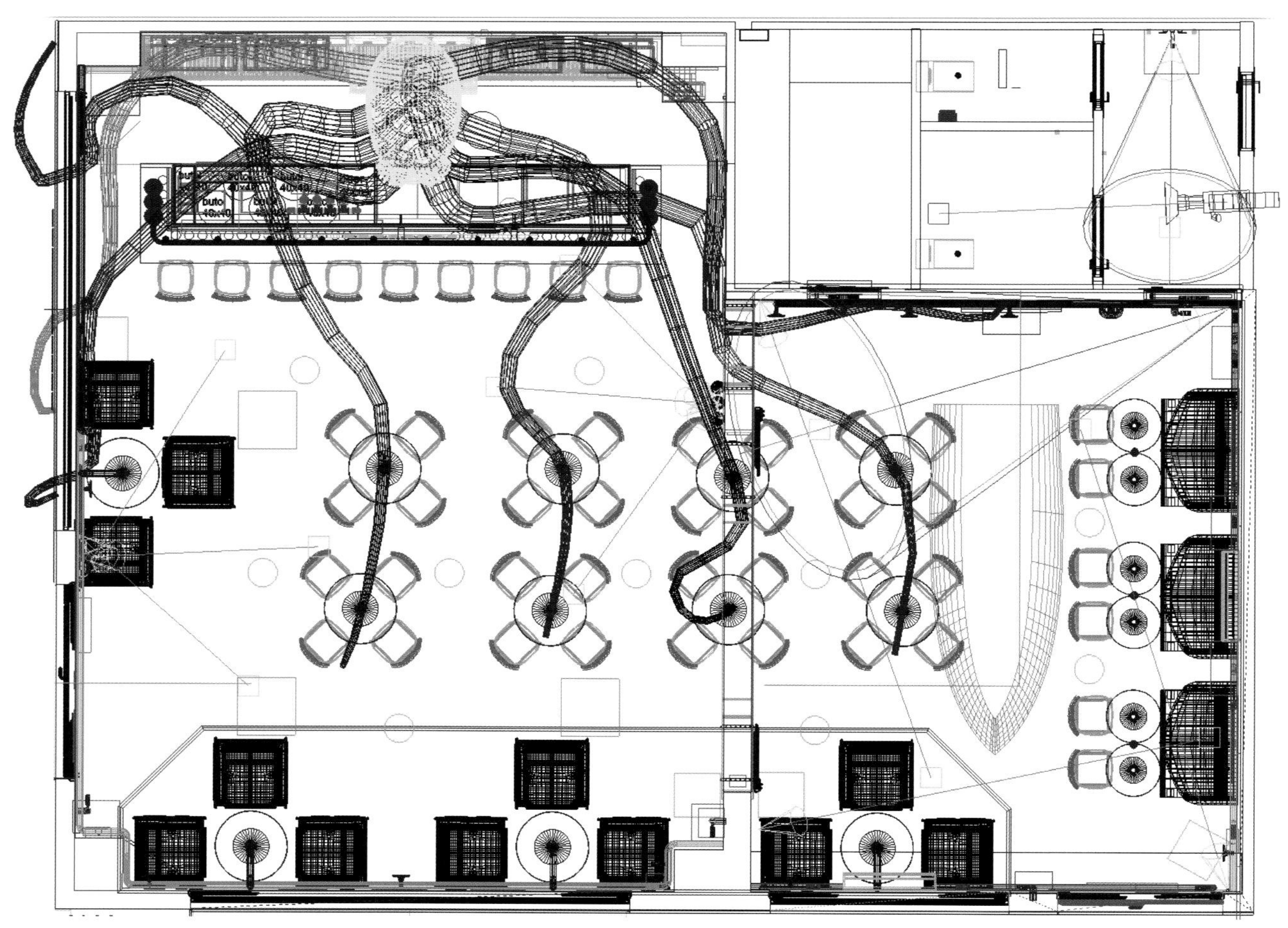

平面图

2

3

TIPS

BUNKER
West

Bunker 酒吧

6th-Sense 室内设计

项目地点 • 斯洛文尼亚，穆尔斯卡索博塔
项目面积 • 170 平方米
完成时间 • 2016
摄影 • 马泰·费希尔（Matej Fisherr）

Bunker 酒吧是一个关于未来末日的主题酒吧，正如我们所知的那样，末日到来的时候，这个世界上不会存在太多的东西。领土被庞大的家族控制，整个世界被灰烬和有毒气体包围，河流被污染，城市被摧毁，世间万物处于一片萧条之中。

一群幸存者在酒吧内建立了一个避风港，他们确信人们在这里可以获得补给，而且可以摆脱日常压力和危险境遇。在这种情况下，这里被设计成餐厅和酒吧，包括两个楼层，每个楼层都用一种大规模的工业化风格进行装饰，并带有一种蒸汽朋克的效果。

Bunker 酒吧入口处的左边由炮塔保守，右边由两名高大的勇士把守。前灯与传感器相连，每当有人从前窗经过，前灯便会亮起。一楼被用作汽车修理商店，里面设有酒吧、厨房、采矿电梯和通往二楼的楼梯。出口是一个假舱口，天花板两侧悬挂着两个巨大的风扇，以四轮每分钟的转速旋转着。

不久，酒吧的墙壁上将出现描绘各种瘟疫、战争、病毒的场景，这些场景与欧洲大陆上的红线概念有关，象征着导致人口数量锐减的瘟疫。酒吧安装了用金属丝网制造的可移动门窗，用以保护调酒师免受“来访的大家族”的迫害。除了来自世界各地的啤酒产品之外，这里的“勇士”还可以获得由酒吧前面炼油厂提供的一整箱油。整个空间的色调蒙上了一层战争的阴影和色彩，一名站立的身着破旧衣裳的战士位于包间的门口，破旧的衣裳与包间内的典雅形成了强烈的对比，造成一种时代的穿越感。

设计师将休息区布置成采矿电梯，顾客付费后，电梯操作员才能将其送至地下。设计师以通风管道作为楼梯的照明装置——只是起到装饰的作用。

斜坡屋顶的设计模仿了放射尘仓的内部设计。主要元素渲染的是弯曲的镀锌板，无论是空间的天花板还是侧面均采用了这种材料。整个餐厅的照明由两个被锁在阁楼里的奴隶提供。他们的踏板运动机固定在天花板上，同时还可以保证油井的正常运作。油被存储在桶中，然后到酒吧外面的小型炼油厂内进行加工，在那里人们可以购买到燃料。

1

2

3

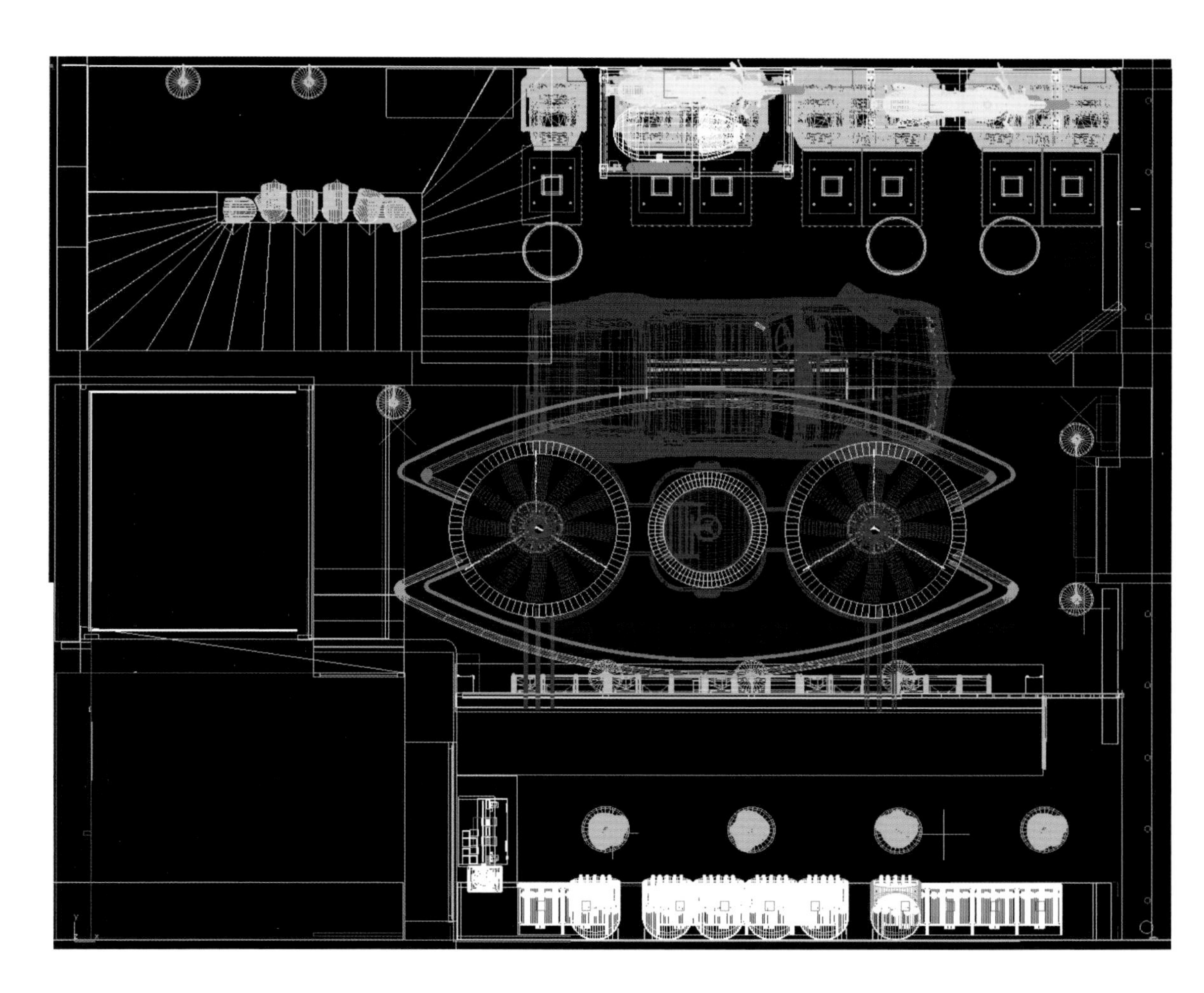

平面图

1/ 吧台
2/ 天花板上安装有两个大风扇
3/ 酒柜

4/ 酒吧区由两名高大的武士把守
5-6/ 采矿电梯

5

6

Call Soul 酒吧 & 厨房

INNARCH 设计公司

项目地点 • 德国，慕尼黑
项目面积 • 110 平方米
完成时间 • 2016
摄影 • 索斯藤·亨宁（Thorsten Henning）

Call Sou 酒吧 & 厨房在 Grimm Spirit 酒吧工厂的名下，其使命是用手工制作饮料为顾客带来独特的味觉体验。在 Grimm Spirit 酒吧工厂内，设计师了解了利口酒的酿制过程，随后提出了基本的设计构思——飞溅的液体在酒吧内流动。

液体飞溅的概念始于酒吧的主体，液体从天花板上垂落下来，天花板为照明系统提供支撑，LED 照明灯嵌在木质结构内，扩展了形式并给人以戏剧化的感觉。木质结构和飞溅形式遍布酒吧各处，充当了吧台、长凳和搁架。这些元素均与液体飞溅形式有关，展现了利口酒的酿制过程，独特而真实。

一轮锤打而成的铜质月亮高悬于空间上方，标示着利口酒的酿制过程接近尾声。Grimm Spirit 酒吧工厂只在月圆之时才会往瓶中罐装利口酒。

由于预算有限，还要软化木材使其弯曲，该项目的设计对设计师来说是一项不小的挑战。结构的流动性是通过将小三角形连接在一起实现的。这一结构由 480 个三角形部件组成，每个部件都有自己的指定位置。

1/ 飞溅形式的长凳
2/ 飞溅形式的装饰元素

2

酒吧平面图

CASA DORITA

Casa Dorita 酒吧

Dröm Living 设计公司

项目地点 • 西班牙，巴塞罗那
项目面积 • 78 平方米
完成时间 • 2015
摄影 • 内斯托尔·马卡杜尔 (Néstor Marchador)

Dröm Living 设计公司接受了委托方的邀请，在巴塞罗那圣安东尼社区的中心设计了一家新酒吧。而酒吧的经营理念则需要一个温馨、独具特色、充分展现当地传统的空间来实现。

项目场地的面积有 839 平方英尺（78 平方米），分布在一个狭长的空间内，光线从前端射入。这里曾经是一家内衣店，没有什么需要保留的结构。

Casa Dorita 酒吧的主人想要一个具有个性的空间，洋溢着热情、亲切的气氛，以此体现其与烹饪历史和传统的联系。

Dröm Living 设计公司以传统酿酒厂的风格作为参考，与 Montse Caixal 展开合作，使用了大量的珍贵材料，以此营造出非常温馨的气氛——绿色或褐色的皮革挂毯；吧台、厨房和桌子使用了大理石材料；大部分家具为木制和铁制。这些材料与灯具或陶瓷等老式元素和谐相融，在暗色调的基础上，实现空间的个性化设定。

铺面设计方面，实木复合地板镶木结合了六角形液压镶嵌设计和制作的传统技术。为了尽量减少回声并使良好的音响系统更加完善，设计师在餐厅中央的天花板上安装了吸音材料。

分布情况打造了一种柔和的效果，金色的铁制结构和古式彩色玻璃将空间分割成两个部分，两个区域内均设有桌椅，透过金色的铁制结构和古式彩色玻璃可以看到厨房。餐厅后面是一个满是植被的小院，给人们带来了一抹清新之感。酒吧入口处的设计有助于打破内外空间之间的重重障碍，便于光线射入，折叠门的跨度与酒吧内部的跨度相同，可以完全打开。

卫生间为简单的海军蓝色风格，设计师为该处特别设计了黄铜制的三联水龙头和液压镶嵌铺面。铁制的卫生间设备、镜子、厕纸架均是由 Dröm Living 设计公司设计的。

木料是设计的主角：设计师收集了一些旧铁路轨枕、工业仓库废料或是施工边角料，对它们进行加工和翻新，使其重获生命，变成了 Casa Dorita 酒吧内的餐桌、吧台、陈列橱和长凳。金色的铁制搁架上安装了背光钢化玻璃，这里专门用来放置酒瓶。所有设施均是用铜管打造的，营造了一种工业风格。吧台上方的吊灯和横桌不断延展。设计师决定用 2700k 的 LED 照明设备照亮整个空间，为人们创造一个舒适的空间。

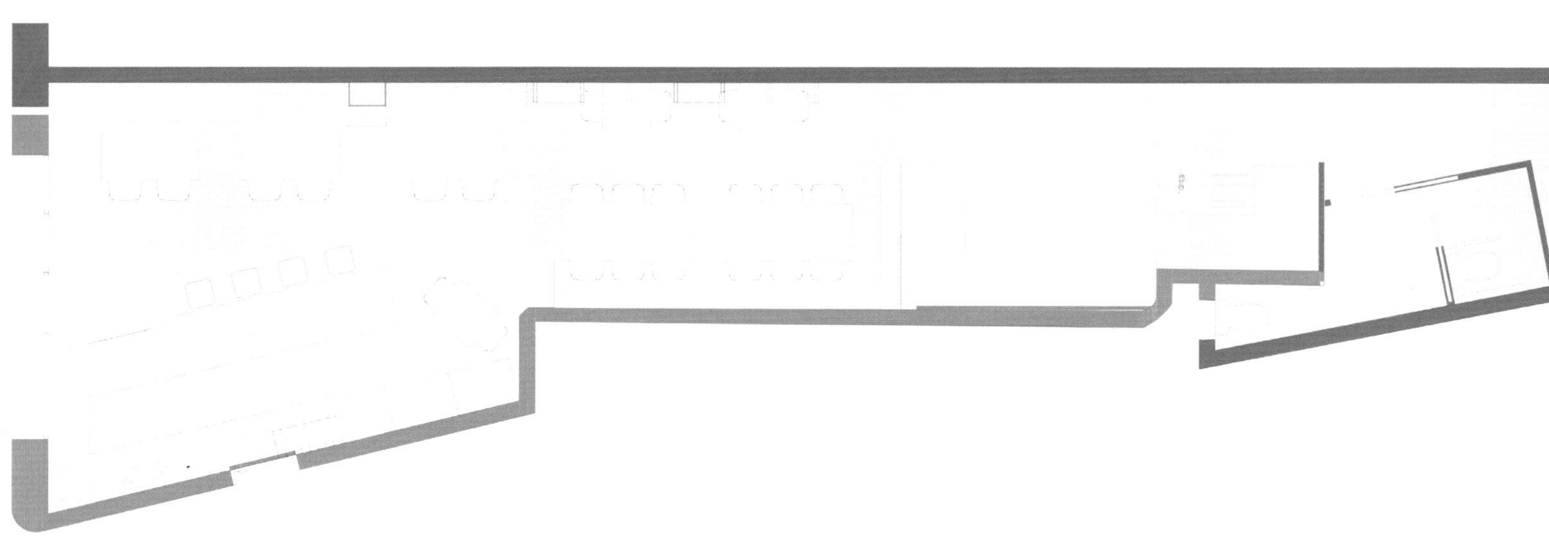

餐厅平面图

1/ 入口和吧台
2/ 餐桌区

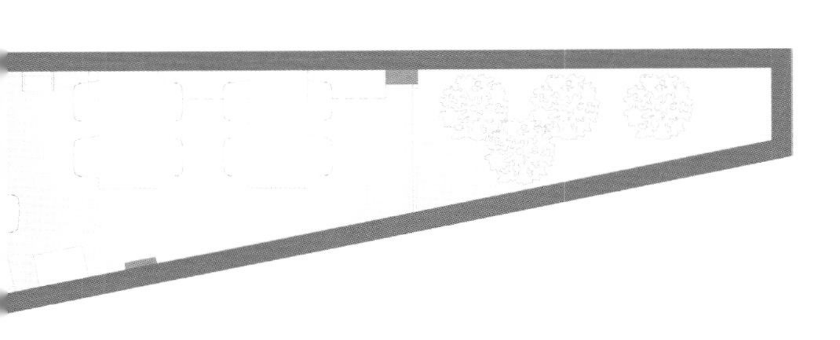

3

3/ 小餐桌区
4/ 厨房景象
5/ 卫生间

WC
MENU

Kaffeine 餐吧

6th-Sense 室内设计

项目地点 • 希腊，科莫蒂尼
项目面积 • 60 平方米
完成时间 • 2016
摄影 • 扬尼斯·戈里斯（Giannis Goris）

设计师以营造温馨气氛的方式对这家咖啡馆进行构思设计。这是一家咖啡馆，昔日里，发明家们在这里聚会，以展示他们大胆的发明。

设计师对空间内展出的模拟样机进行设计，使人们联想到古时的著名发明家和科幻小说家。墙壁上展出了 12 个小型发明。其中的一些是设计者想象力的产物，目的是引领到访者走进一个迷人的世界，在那里，一切皆有可能。

酒吧空间的后部安装了齿轮、链条和灯具的组合装置，好像炼金术士的实验室。设计师参考工业革命时期的蒸汽动力运载工具（火车、轮船和飞船）对酒吧空间的前部进行了设计，设计理念与咖啡馆家具的设计理念相同。酒瓶搁架上还摆放了化学实验室的玻璃器皿、小型机械装置、温度计和压力计，好似一间工业或巴洛克式风格的古老实验室。太阳系仪安装在天花板上，象征着世界的永恒运动。就像行星围绕太阳运动一样，设计理念在委托方的头脑中不断闪现，赋予结构以生活，使生活变得更加简单、迷人。同时，它也象征了一种理想中的场景：科学家和发明家从宇宙的无限中汲取灵感。桌椅用金属打造而成，而且可以调节到更为舒适的角度。

设计师根据图纸，在罗马尼亚的克卢日纳波卡完成了所有家具、微型发明和太阳系仪的设计。设计完成后，所有物品均被运至希腊的科莫蒂尼。美国的计算机科学家和音乐家艾伦·凯伊（Alan Kay）说：“预测未来的最好方法就是创造未来。”同样地，通过设计，设计师可以根据过去和现在的故事及想法兑现可能的未来。

1/ 座椅安装了齿轮和链条
2/ 墙面上的飞船装置
3/ 饮品柜

2

3

4-5/ 饮酒区

5

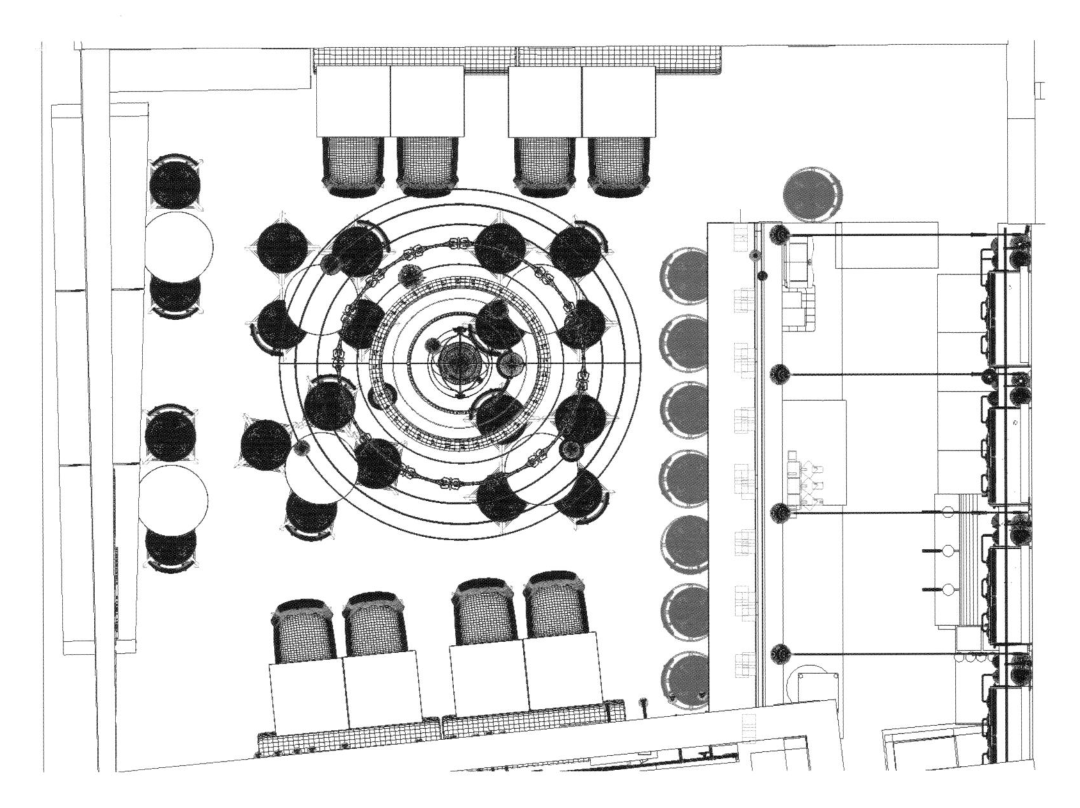

平面图

Pink Moon 酒吧

Sans-Arc 工作室

项目地点 • 澳大利亚，阿德莱德
项目面积 • 100 平方米
完成时间 • 2015
摄影 • 戴维·西弗斯（David Sievers）

该项目将阿德莱德中央商务区内的一条废弃不用的小巷打造成一家带有厨房的酒吧。委托方需要一个与场地有着紧密联系的故事——一个关于童年时期在户外露营记忆的故事，带有浪漫和怀旧的色彩。

Pink Moon 酒吧位于再利用的填料结构之中，40 年来，这是人们第一次对 Leigh 街进行开发。中央商务区内可用空间越来越少，因此，在中央商务区内实现修缮改建和空间挪用的情况非常罕见。简单地说，是将未使用和无法使用的空间改造成一个欢快、温馨的空间。这对阿德莱德，澳大利亚或许全世界来说都是独一无二的，就好像是童话中的场景。

最重要的是，这家酒吧使人们认识到修缮改建和空间挪用的可能性，激发了人们的好奇心和热情。当人们从 Pink Moon 酒吧走过或是进入这个“世俗”空间，迎面而来的是一种乐观向上的感觉。

该项目描绘了一个场地概念。窄巷内的酒吧和厨房给人一种脱离了阿德莱德小巷的感觉。这家酒吧与童年故事交织在一起，故事讲述的是儿时记忆中的烧烤食物和林地露营体验。

构思是在设计过程中逐渐形成的，设计师最终选定了郊外木屋的变形结构。这类木屋通常都位于地理环境特殊的偏远地区，就地取材建造而成，因而对于郊外木屋使用的材料和造型，可以总结出一些规律。通常情况下，木材是通过现场砍伐树木获得的，而石头或土是从附近收集的，并配以不同的装饰元素和细节，赋予小屋以乡土风格。

Pink Moon 酒吧借鉴了郊外木屋应有的形式进行设计和建造，意在创造其独有的特征和语言。首先，我们需要了解这里的独特环境。项目位于两栋不高的办公楼之间，东西走向，只能获得有限的直射阳光。小屋需要融入周围环境，不是支配环境，而是美化环境。在环境的遮蔽与庇护之下，小屋营造了一种温馨的氛围。

3.66 米 x 28 米的场地非常狭窄，适合采用日本项目的设计方法。项目显然需要光线的渗透，还要在有限宽度的情况下建立紧凑的平面图。最终解决方案是建造两间小屋，使它们被大小类似的院子从中间分开，酒吧临街，餐厅小屋置后。这种分层方法能够让光线渗入空间，但也强调了穿行的体验感，人们需要穿过多个门槛，以体验三种不同的空间。

内部天花板倾斜，露出了 60 度的屋面坡度和木桁架结构。项目通过强调高度和整体体量，试图减缓与狭窄空间相关的紧张感。前面的酒吧小屋是明亮通风的，餐厅小屋的光线较为昏暗，集中在炉火周围。中央庭院没有独立的照明装置，白天让光线照进两间小屋，晚上则是房间内的灯光将小屋照亮。

所有选材均以建造小屋的原则为基础，还根据材料的影响、可持续性和再利用能力进行考虑，并尽可能地使用熟悉的澳大利亚材料。小屋结构为木构架，用澳大利亚当地的硬木做包层，并使用斑桉、塔斯马尼亚橡木和铁皮木。除此之外，还尽可能地减少钢材或其他原材料的过度使用。Beta 砌块墙和铺路石是阿德莱德最具地方特色的砖石，被称为“当地的石头”。酒吧的色彩运用受到了喜马拉雅山小屋的奇怪颜色组合的启发，但极具当地特色。

1/ 餐厅小屋
2/ 内部吊顶
3/ 木凳

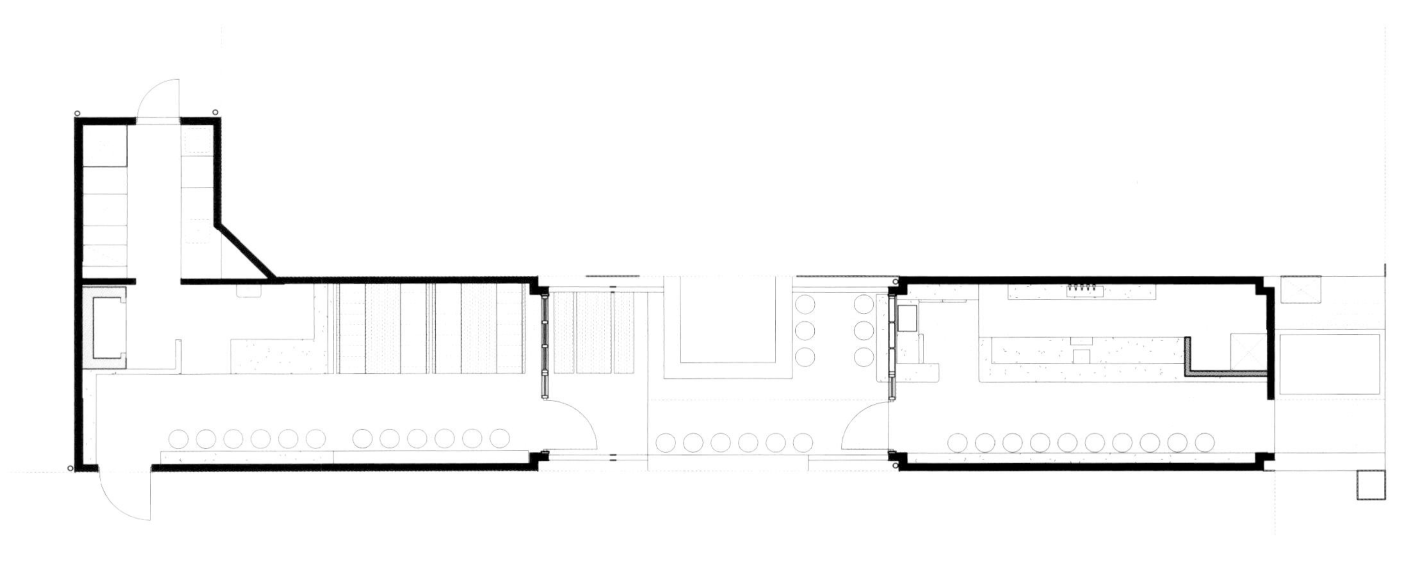

平面图

LOBO
APPLE
CIDER
MORNINGTON
LAGER
PIRATE LIFE
PALE ALE
TWO METRE TALL
'DERWENT'
SOUR

4/ 吧台
5/ 庭院
6/ 外景

6

STK 酒吧

DesignAgency

项目地点 • 加拿大，多伦多
项目面积 • 883 平方米
完成时间 • 2016
摄影 • 尼古拉斯·柯尼希（Nikolas Koenig）

STK 酒吧带领加拿大人走进 STK——纽约、拉斯维加斯、迈阿密和华盛顿特区等大都市的餐饮概念，融合了高档牛排餐厅和时髦夜总会酒廊的众多特点。酒吧主人委托设计师准确地表达 STK 酒吧成为加拿大前沿阵地的品牌远景。

作为第一个开设在多伦多前 Four Seasons Yorkville 酒店内的休闲空间，这里的地标性位置非常适合这个将现代牛排餐厅和闷热酒吧结合在一起的场所，更何况它还与多伦多的其他酒吧有着全然不同的氛围，独特且令人难忘。883 平方米的内部空间可以满足人们的各种感官需求，包含多种不同的布景——给顾客带来不断变化的体验，即便是在同一个晚上，也能获得不同的感受。

与迎合保守口味的传统牛排餐厅不同，STK 的品牌理念用鼓励社交的看与被看的环境吸引当代顾客。考虑到多伦多的地理位置，设计师接纳了 STK 已经在纽约和拉斯维加斯盛行的独特风格，同时将设计理念逐渐展开，使这里成为迄今为止最令人印象深刻的场所。

3.81 米高的弯梁打破了空间的线性，同时展示了 STK 大胆、感性的品牌形象——木料为空间增添了温馨感，玻璃和镜面可以捕捉目光和映像皮革软化了顾客能够触摸到的表面，照明增加了空间的对比度和活力。

设计团队对这家宽敞的双层酒吧进行构思，为顾客提供完整的感官体验。醒目的楼梯入口面向街道，引发人们对上方主用餐区和酒吧的期许。走过接待台，转个弯便可看到酒吧的内部景象。

高对比度的材料和灯光给酒吧设定了一种戏剧性的基调，并将顾客的注意力从一处转向另一处。每张桌子上都摆放有光线柔和的聚光灯，坐在这里的顾客都觉得自己好像是社会名流。

主用餐区的可操作落地窗将房间转换成通风的天井，从这里可以俯瞰到 Yorkville 酒店。STK 的特色红木框白色长椅可以调节视线，同时鼓励社交和娱乐。高高架起的 DJ 位置成为酒吧的焦点，以强化这里的社交氛围。定制的灯具和黄铜烛台向桌子和花卉布景散射出光芒，为酒吧空间增色不少。

为了保持品牌的独特美感，设计师创造了宏伟、蜿蜒的建筑形式，横扫天花板和雕塑墙。酒吧上方的牛角形状的顶部装饰是 STK 酒吧打破传统牛排餐厅的主题的又一例证。空间布局好似摆动睫毛和指尖扫过哪儿带来的感官体验。酒吧上方，“牛角墙”增添了质感和维度，并与房间内的光影相互作用。这些引人注目的视觉线索优化了空间的连通性，使就餐体验更加有趣。

1

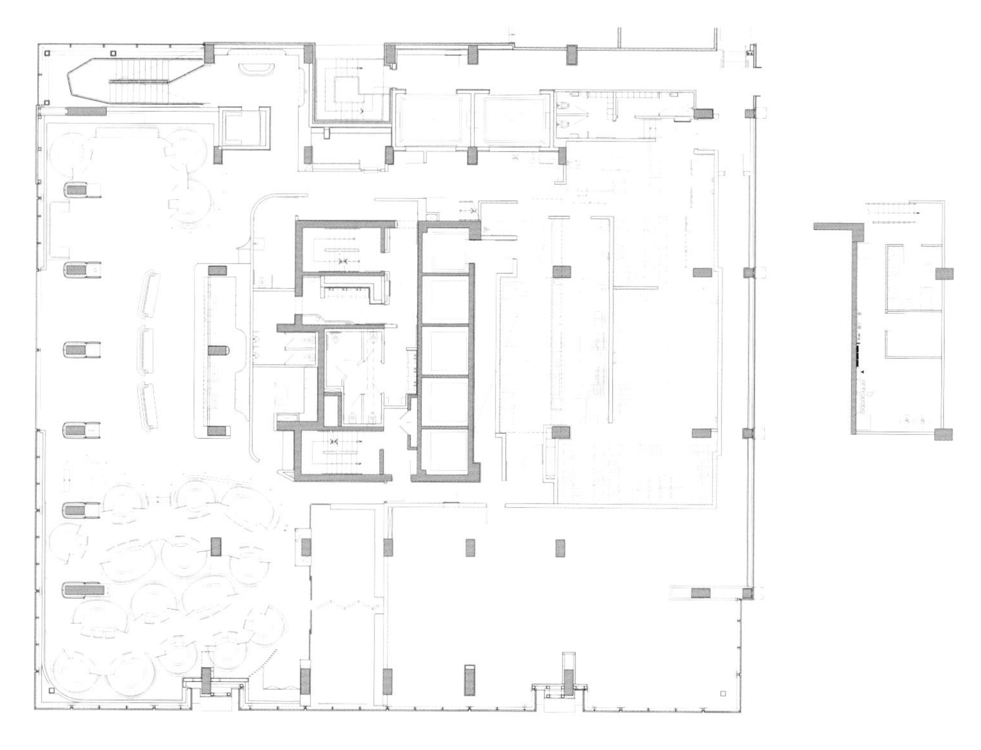

酒吧平面图

1/ 酒吧内牛角形状的顶部装饰
2/ 用餐区
3/ 柔和的淡紫色光线和花卉布景

THE BIRRA
AL MAL TIEMPO,
BUENA BIRRA

Birra 酒吧

Hitzig Militello 建筑事务所

项目地点 • 阿根廷，乌斯怀亚
项目面积 • 91 平方米
完成时间 • 2017
摄影 • 埃斯特班·洛沃（Esteban Lobo）

该项目位于阿根廷巴塔哥尼亚的乌斯怀亚，是世界上最南端的城市，这里的建筑采用了港口城市的建筑类型。地理位置决定了材料的选择，这意味着该项目使用的材料主要出自当地，因为这里远离这个国家充满活力的城市中心。该项目的材料使用非常合理，主要为木板和钢板，是一栋时代建筑。建筑内部多为木制和轻型框架结构。该项目源于“拉莫斯将军”的杂货店（传统的阿根廷商店），这里的“明星”产品是桶装啤酒。将酒桶改造成电气设备和用来摆放产品的木制箱子，是一个特殊的设计范例，其目的是创建一份与销售产品类型有着密切联系且具有审美趣味的提案。设计师用阿根廷巴塔哥尼亚当地木材打造内层护墙板，用黑板漆粉刷地面，并以此为销售产品的宣传方式。该项目将木头和白色瓷砖两种材料结合在一起，以平衡材料的配色，使空间不完全依赖于木料。这是一项巨大的挑战，因为空间只有 979 平方英尺（91 平方米），在一楼和二楼仅有 2.75 米的宽度。设计师的想法是在一楼建造一个自助服务区，以响应顾客的需求——使空间具有灵活性，以便适应不同类型的消费者，二楼则设置了有着不同用途的区域：矮桌区、酒吧、生活区。

1/ 收银台
2/ 杂货区
3/ 用餐区

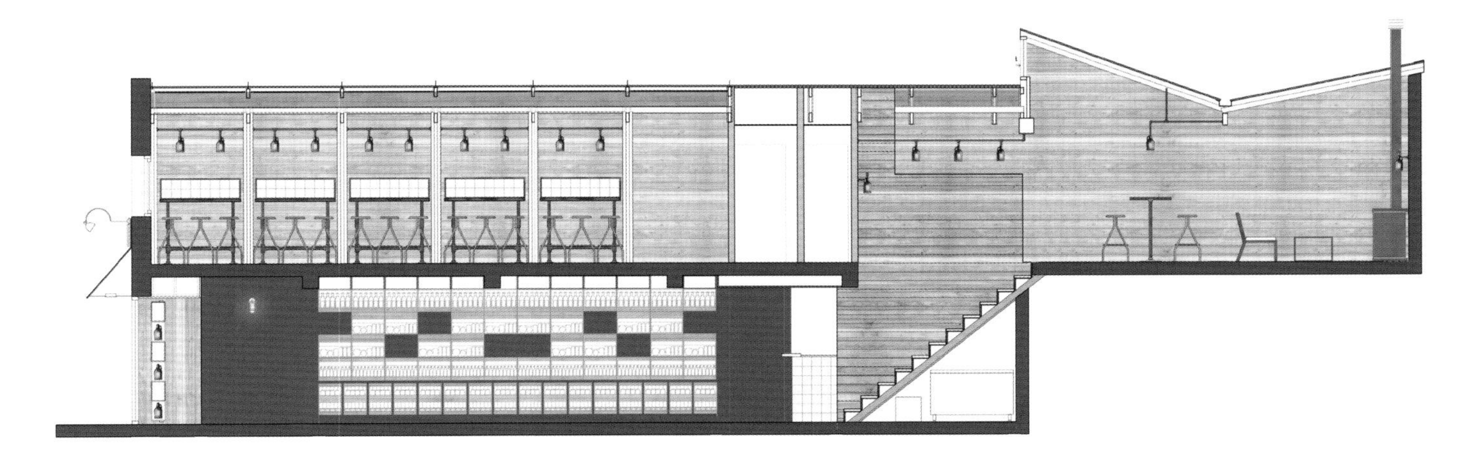

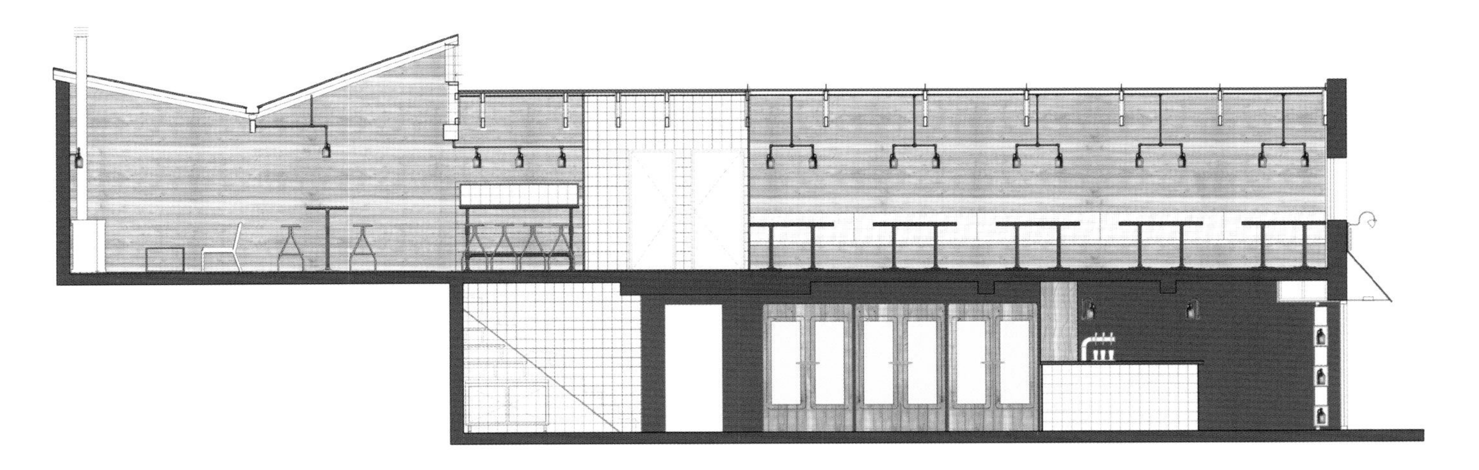

建筑剖面图

4

5

4/ 用餐区
5/ 二楼
6/ 酒吧区

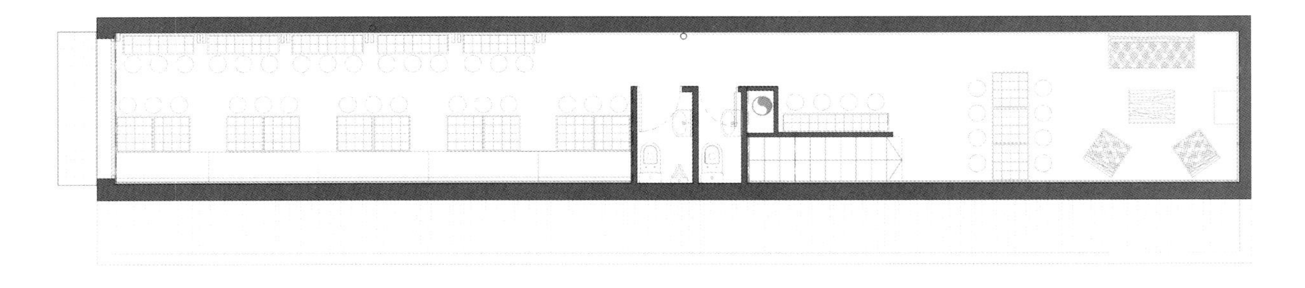

一楼和二楼平面图

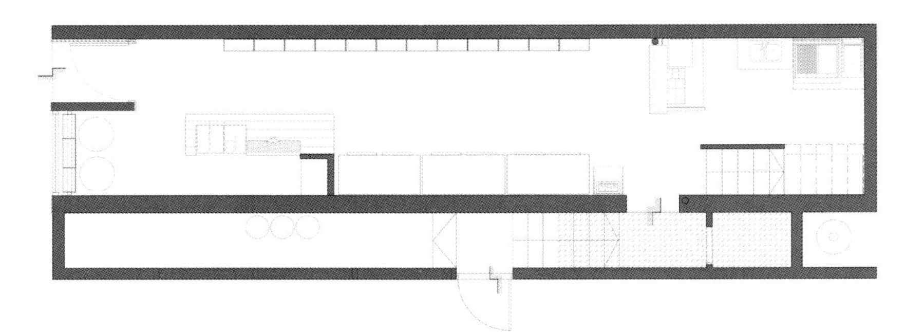

VHILS

Vandal 酒吧

Rockwell 集团

项目地点 • 美国，纽约
项目面积 • 198 平方米
完成时间 • 2016
摄影 • 瓦伦·贾格尔（Warren Jagger），艾米莉·安德鲁斯（Emily Andrews）

Vandal 酒吧位于包厘街上，这是一条可以追溯到 17 世纪的街道。这家酒吧将纽约、越南再到巴塞罗那乃至全球其他地区的街头文化的艺术、建筑和美食，以及餐厅下东区的历史和文化汇聚一处。这个两层空间内设有酒吧间、餐厅、花园餐饮区、私人餐厅和地窖酒吧。

Rockwell 集团的设计理念是突出城市街头生活的生动性和丰富性。设计团队将占地 198 平方米的内部空间想象成一个迷宫般的空间，因为这里满是古老且未被发现的密室和地下墓穴。设计团队对酒吧的入口、通道、休息区、餐厅和艺术装置进行了精心设计，在各个空间内营造一种探索感。

Vandal 酒吧的主入口位于包厘街上，建筑黑色立面上的餐厅招牌是旧金山艺术家 Apex 设计的，这位艺术家以其多彩而抽象的艺术作品闻名。

走进酒吧，顾客会路过 Ovando，这是一家光线昏暗的极简主义花店，可以使人从街道的喧嚣中获得短暂的喘息。狭长的拱形砖通道与沿地面和墙壁铺设的黑、白两色地砖引领顾客走进不同的房间，进而获得不同的体验。

通道的尽头设置了一座约 3.35 米高的跳着霹雳舞的兔子雕塑，上面喷涂了紫色的亮漆，其灵感来源于 Krylon 喷漆的 Icy Grape 色，这是一种涂鸦艺术家们不再使用的颜色。雕塑旁边，一段楼梯倚墙而设，墙面上粉刷了金属色的灰泥，将顾客引领至地窖。

在酒吧工作台后面，有一幅英国艺术家威尔·巴勒斯（Will Barras）绘制的诗意壁画，描绘了一双超大的手从墙面穿过。玻璃和黄铜制成的搁架上面摆放着葡萄酒瓶，为墙壁增添了深度、色彩和质感。

这家 17 个座位的酒吧内有一面雕塑墙，且设有一个用蓝色花岗岩打造的吧台，上面带有自然运笔画出的图案。交错的吊灯是用天然、古老的蚀刻水晶醒酒器和用金链悬吊的闭锁装置打造的，在酒吧上方投射出温暖的光线，而色泽柔和的蓝色织物、白兰地和香槟则进一步突出了壁画的效果。

设计团队将地窖构思成使用了丰富质感材料的豪华酒吧。门厅设有墙板和壁橱，上面喷涂了蓝色、银色和金色的渐变色油漆。主房间被饰以几何造型板的钴蓝色墙壁包围，不配套的定制家具用中性饱和色调（包括灰粉色、紫色、蓝色、金色和橙色）进行装饰，抛光铜色则营造了一种有趣、随意的客厅环境。

蜿蜒的酒吧沿空间曲线布置了传统的酒吧高脚凳和植绒长椅，为小型聚会团队打造了不同的社交聚会空间。沾满了水晶的吊灯是沿着酒吧的空间轮廓布置的，散落的光线照亮了酒吧空间。墙壁和天花板上的醒目装饰面层为房间打造出水晶般闪耀的外观。

Vandal 酒吧可以为顾客提供一系列的独立式体验——从一楼的秘密花园、酒吧和三个餐厅到隐蔽的地窖酒吧。每个房间都独一无二，但房间内的艺术品仍然是主角，富有质感的材料搭配夺走了壁画的光芒，突出了房间内的各个元素。

1/ 酒吧区
2/ 酒吧外景
3/ 酒吧区

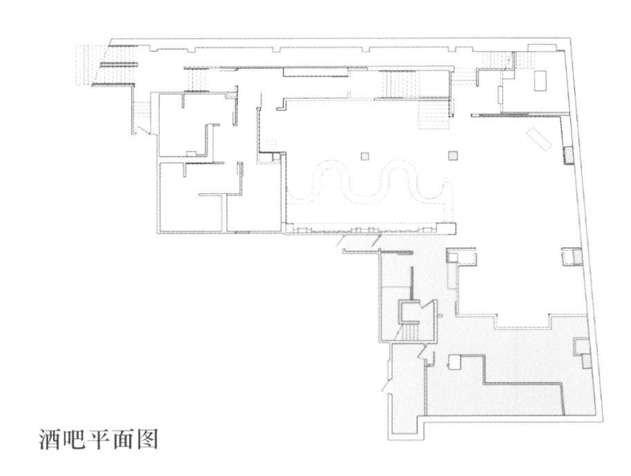

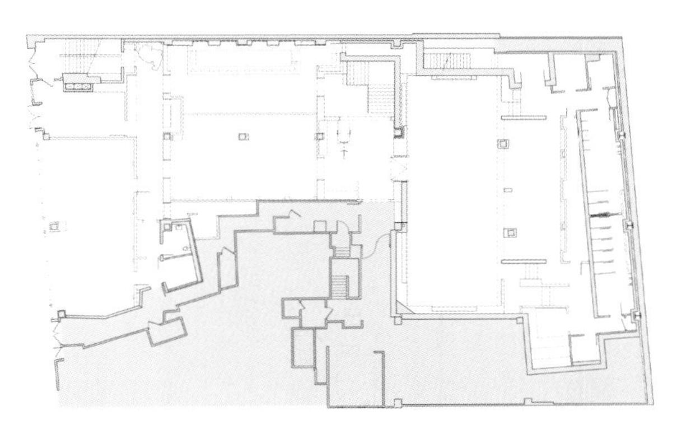

酒吧平面图

4/ 就餐区
5/ 就餐区细部
6-7/ “秘密花园”

6

7

White Monkey 比萨实验室 & 酒吧

Ippolito Fleitz 集团

项目地点 • 德国，莱比锡
项目面积 • 308 平方米
完成时间 • 2016
摄影 • 埃里克·莱格尼尔（Eric Laignel）

想到比萨饼店，眼前自然浮现出一幅熟悉的画面，脑海中立即产生了某种相关的联想。回忆、色彩、气味在身边游荡。设计团队为 Marché 餐饮集团设计的 White Monkey 比萨实验室 & 酒吧正是运用了这些令人挥之不去的元素，将比萨饼推向了一个新的高度，即比萨饼店变成了一家鸡尾酒吧。店面设计利用了人们心中共有的记忆，并结合传统和现代的视觉元素，勾勒出一幅别出心裁的画面。酒吧的目标人群为那些热爱意式美食和生活情趣，同时又喜欢创意厨艺和高级鸡尾酒的顾客。

这家酒吧以 White Monkey 命名，并以同名图案为标志，使这家酒吧拥有了独一无二的品牌认知度，为世人皆知的意式情调增添了一抹超现实主义的风格。白猴的标志从外墙的灯箱广告一直贯穿到茶几、吊灯、挂牌、图标中，为顾客指引方向。步入店内，比萨烤炉及其对面的餐吧非常引人注目。在餐吧内，顾客可以在轻松的气氛下享受鸡尾酒和意式前餐。用黑色浸染刷漆的中密度板制作的吧台好像一个生态造型的景观，从地面生长出来。

人们熟知的传统元素与现代元素的混搭风格贯穿了整个酒吧的用料和色彩设计。木片叠加铺设的天花板从门口一直延伸到店内深处。分布在天花板上的彩灯和脚下粗糙的地砖，让人不禁联想到温暖的意大利仲夏夜，与亲友在室外品味红酒的闲情油然而生。天花板的线条在现代风格的不锈钢比萨烤炉上得到延续，视线最终落在炉眼上。

酒吧内的空间分隔是通过薄层天花板的切割实现的，造型特别的白色立柱对空间的分割加以强调。立柱上悬挂着大小不一的球体和椭圆体呼应了比萨饼的形状，一线排列开来好像一条条巨型的珍珠项链。珍珠项链的造型也体现在吧台区桌腿和房间隔板的设计中。另外，墙壁和传播媒介上的生动图案也使用了相同的形态语言。

酒吧的色彩概念选择了温暖的粉色、红色，以及土色系的复古色调，与传统的意式文化建立起联系。铺满墙面的剪贴画使用了怀旧图案，唤起了人们对往昔的记忆，又以超大体积的花朵和色彩斑斓的抽象图形给人带来现代感、都市感。旧式广告牌上的趣味性语句传达出 White Monkey 的哲学理念，构成照明设计的一部分，与发光的白猴图形和各种不同款式的吊灯及灯链连在一起，为一天当中的各个时刻创造理想的空间氛围。

多种多样的用餐形式通过不同的座椅设计适应从早餐到晚餐的各种情况。餐吧区氛围轻松，红皮包裹的火车座区适合二人世界或小团体聚会。此外，小型方桌是二人或四人用餐的理想选择。

走进 White Monkey 比萨实验室 & 酒吧，顾客会沉浸到传统的意式情调当中，而运用现代元素绘制的图画，以及白色立柱和“珍珠项链”则带来了强烈的现代感，新旧搭配令人出乎意料。意式生活情趣的感性真切而熟悉，超现实主义元素和非同凡响的混搭则给人带来了惊喜，为光顾这里的顾客留下难忘的记忆。

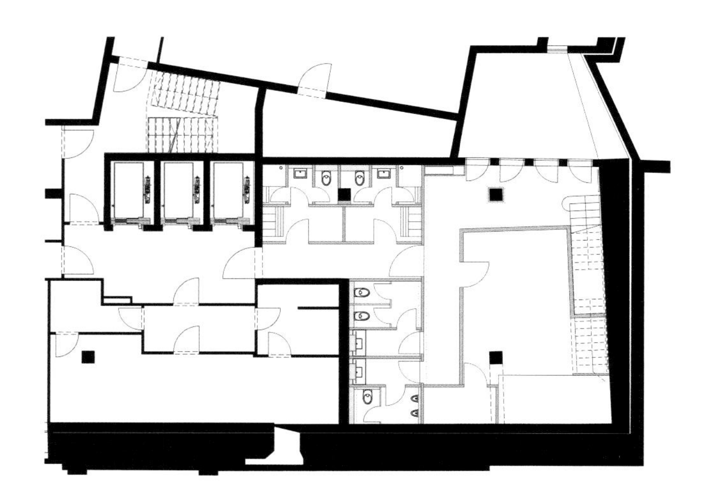

一楼平面图

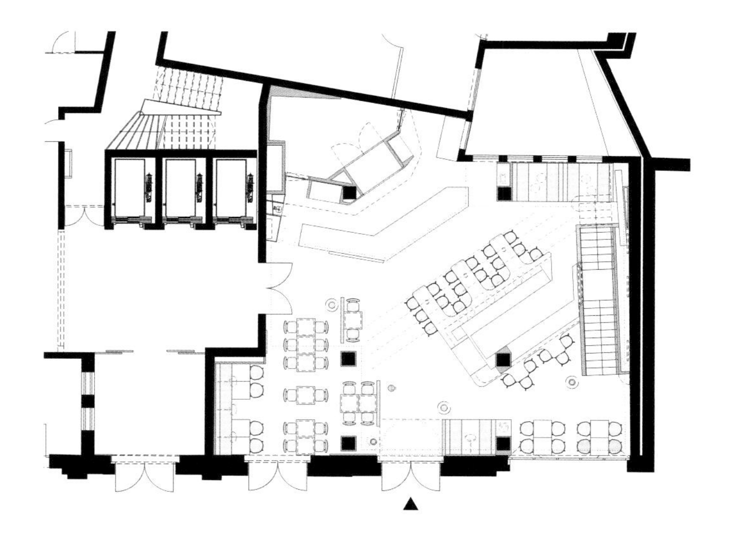

地下一楼平面图

1/ 就餐区

2/ 带座椅的吧台

3、4、6/ 基于现代与传统意大利文化的拼贴画
5/ 就餐区细部

夜总会

Light

Light 酒吧

DesignAgency 事务所

项目地点 • 墨西哥，埃莫西约
项目面积 • 74 平方米
完成时间 • 2016
摄影 • 亚历山大·波蒂奥姆金 (Alexander Potiomkin)

Light 酒吧是一个修复项目，由现有的夜总会改建而成，使这里成为最令人印象深刻的场所。设计团队在各个空间内设置了六边形网格集成照明装置，投射出不同的光影，并与音乐同步。

与酒吧内部相比，酒吧外部则是更为低调内敛的几何形体量，而酒吧内部则充满神秘的气息。酒吧入口很好地实现了空间的过渡。多重嵌板利用末端镜面打造了一种无限大的立体效果，同时与在空间深度和运转方面发挥重要作用的间接照明装置相互作用。洗手间内的照明装置也是项目设计的一部分，洗手池前面的镜面和玻璃嵌板打造出繁星密布的天空效果。

金色的灯具是酒吧内的主要元素。立体拼花图案沿用了应用于酒吧立面和入口的设计理念。设计团队借助一条带有有机线条的挂毯制造房间的深度，用绿色的叶子构筑酒吧后面的出口，在空间内的弧形和有棱角的元素之间创造了对比效果。

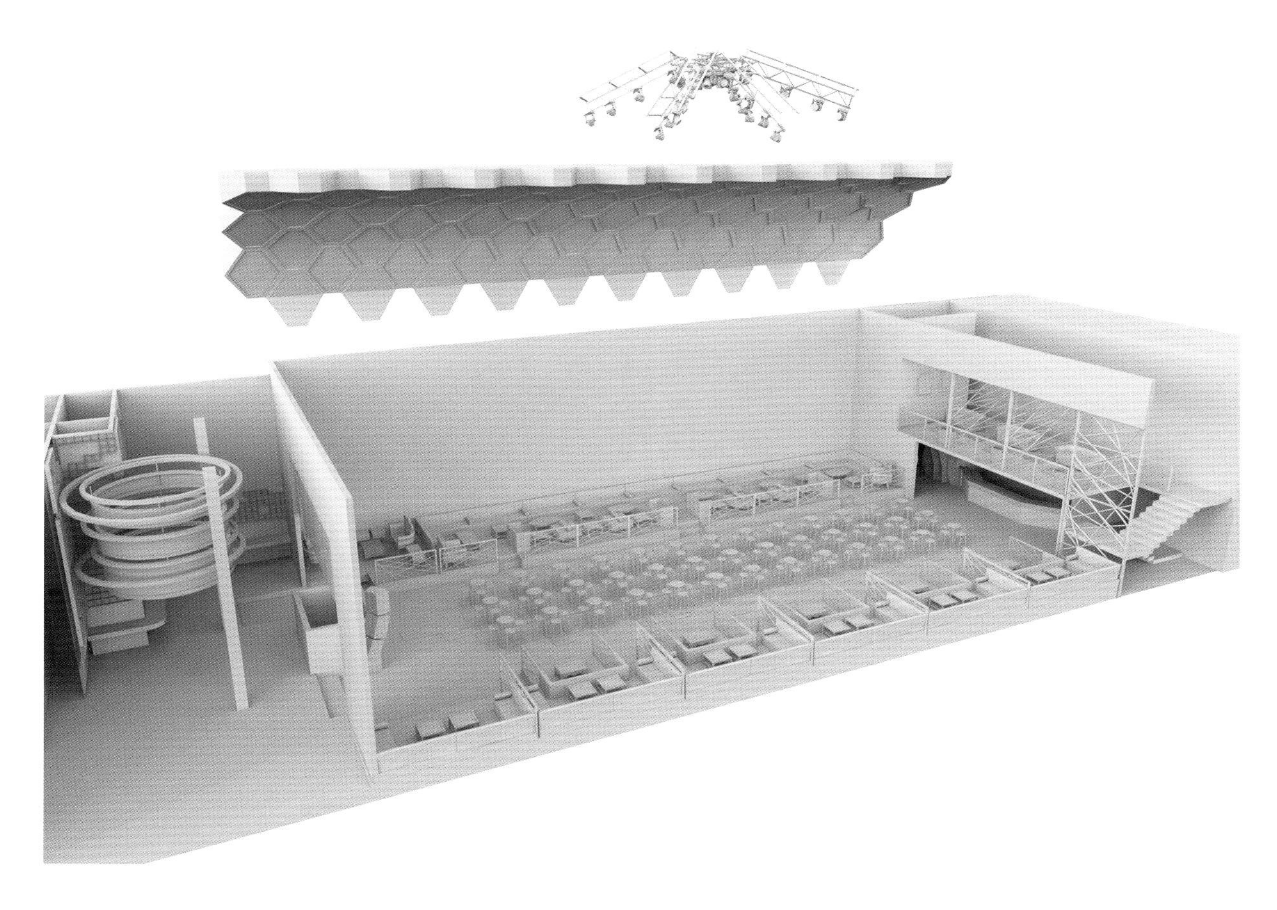

酒吧及核心区鸟瞰图

1/ 3D 装饰元素
2/ VIP 区
3/ 核心区

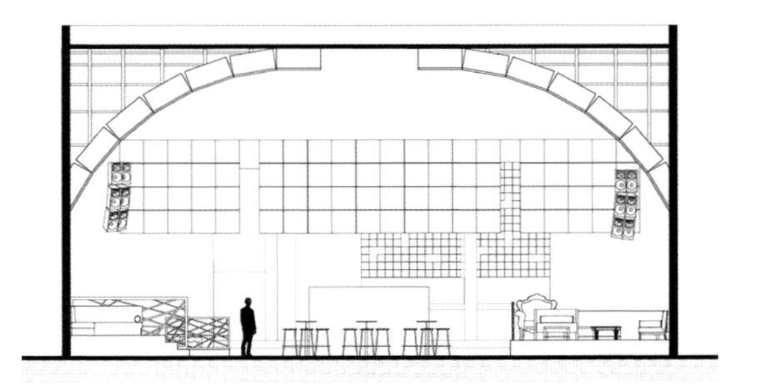

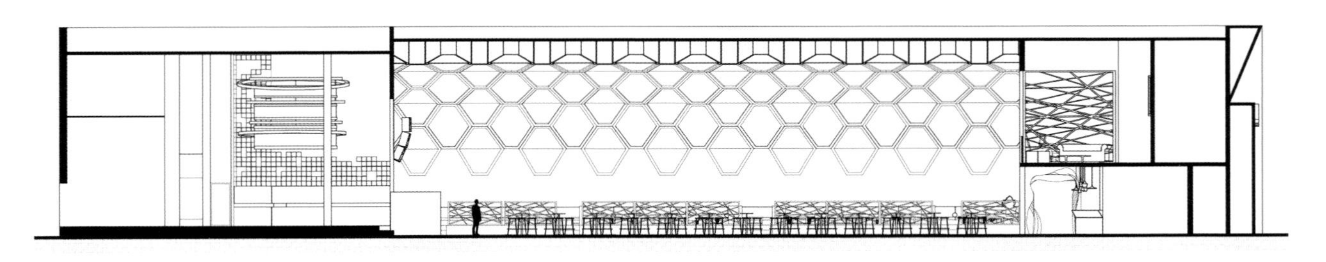

蜂巢创意

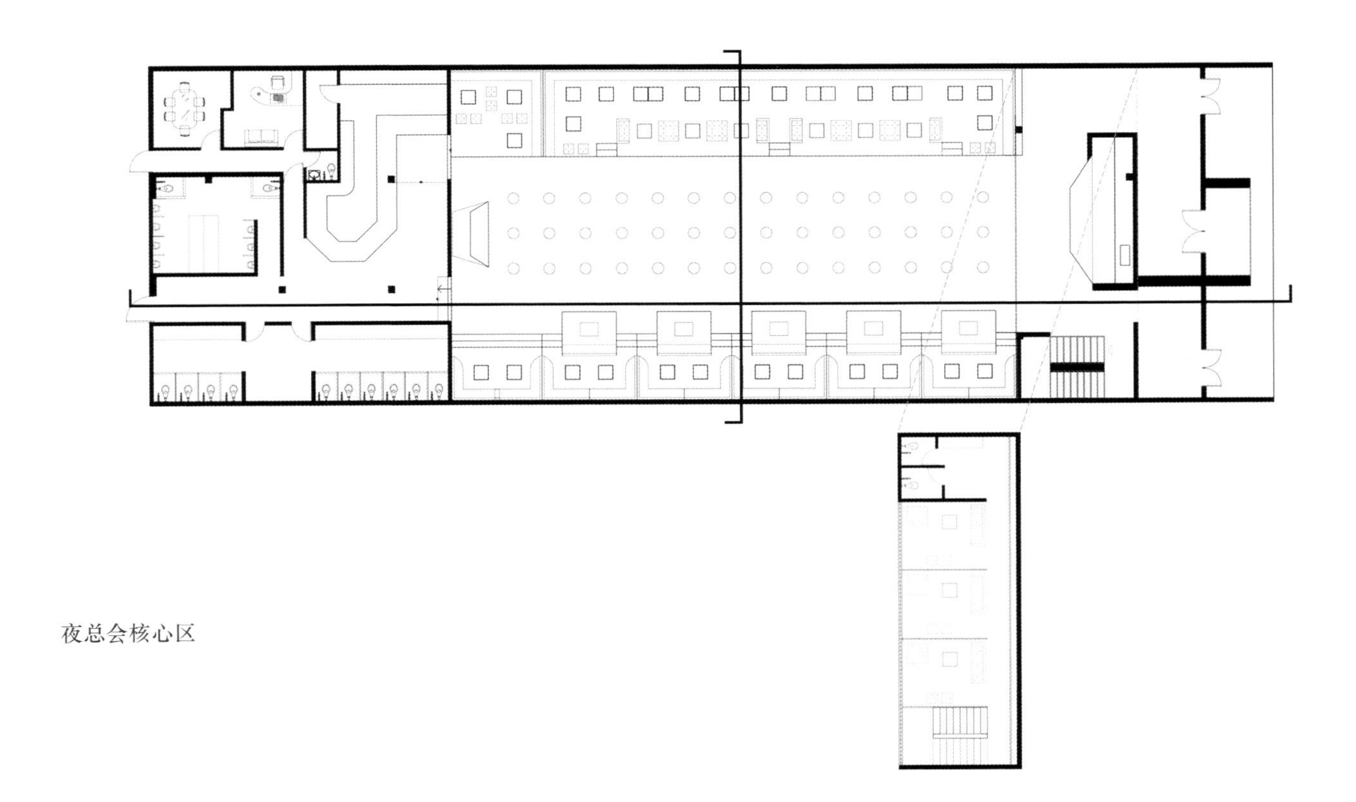

夜总会核心区

3

MUMM

Mesh 酒吧

Studio A 工作室

项目地点 • 南非，约翰内斯堡
项目面积 • 1000 平方米
完成时间 • 2016
摄影 • Graeme Wyllie & Dook 工作室

Mesh 公司位于南非的 Keyes Art Mile 中，是一个集办公和生活于一体的空间，旨在为年轻有志的创意家们创造一个共同交流的平台，让他们在约翰尼斯堡发挥自己的商业头脑，并最终获得成功。

根据委托方提出的要求，建筑师要将 1000 平方米的空间改造成一个多功能办公区，以同时满足年轻企业家和知名公司的办公需求。设计的重点是要为不同人员创造一个公共交流空间，以激发他们的灵感，而艺术正是帮助人们提升创造力的一个重要因素。酒吧中悬挂了一幅描绘高原日落的画作，粉色的定制家具与画作的色调相搭配，营造了富有艺术气息的氛围。这里还摆放有威廉·肯特里奇（William Kentridge）、莫豪·莫迪萨庚（Mohau Modisakeng）、威勒姆·博肖夫（Willem Boshoff）和布雷特·默里（Brett Murray）的艺术作品。美学设计理念旨在打造一个具有潜在工业气息的温馨、奢华空间，切实存在的物质和平滑的暗色组合为客人提供了一个迷人的空间。

美学设计理念旨在将工业元素和奢华风格融合在一起，以此打造一个富有艺术大师风范的现代空间。设计团队以并用为设计思路：混凝土墙壁上悬挂有皮耶尼夫（Pierneef）和玛吉·劳布瑟（Maggie Laubser）的艺术作品；Diesel / Moroso 品牌的锈面学院风格座椅和 Cassina 品牌的高级定制皮沙发被放置在一起，从侧面反映了设计中多种元素的结合并用，使整个空间变得丰富多彩。这里还摆放了很多南非设计师设计的作品，例如粉色的 "Zulu Mama" 座椅、由霍尔丹·马丁（Haldane Martin）设计的圆桌、由 Guideline MNF 设计的酒吧高脚凳和扶手椅，以及特色家具。StudioA 工作室还设计了一些定制家具，从悬空的几何形状入口柜台到手工缝制的皮革内衬办公桌桌面。设计团队需要面对一项有趣的挑战——他们必须为这家酒吧打造一个中央空间，使这里可以同时召开几场董事会议或是召开一场百人会议。设计团队借助折叠式橡木门将空间分割成几个部分，并将这种方式应用到会议桌的布置上，此外还设计了一些与 40 张坐式桌互相连接的模块化桌子。对于设计团队来说，最大的挑战是提出满足酒吧独特需要的定制方案。

1/ 会员酒吧
2/ 定制的酒吧高脚凳

2

3/ 皮质座椅区和背光网格墙板上的玛吉 · 劳布瑟 (Maggie Laubser) 的艺术作品

4/ 黑白根大理石桌上方的 Bert Frank 品牌的吊灯

4

5

5/ 镂空天花板
6/ MOOOI 地毯上方的钢丝沙发和 Cassina 品牌的边桌
7/ 定制的扶手椅

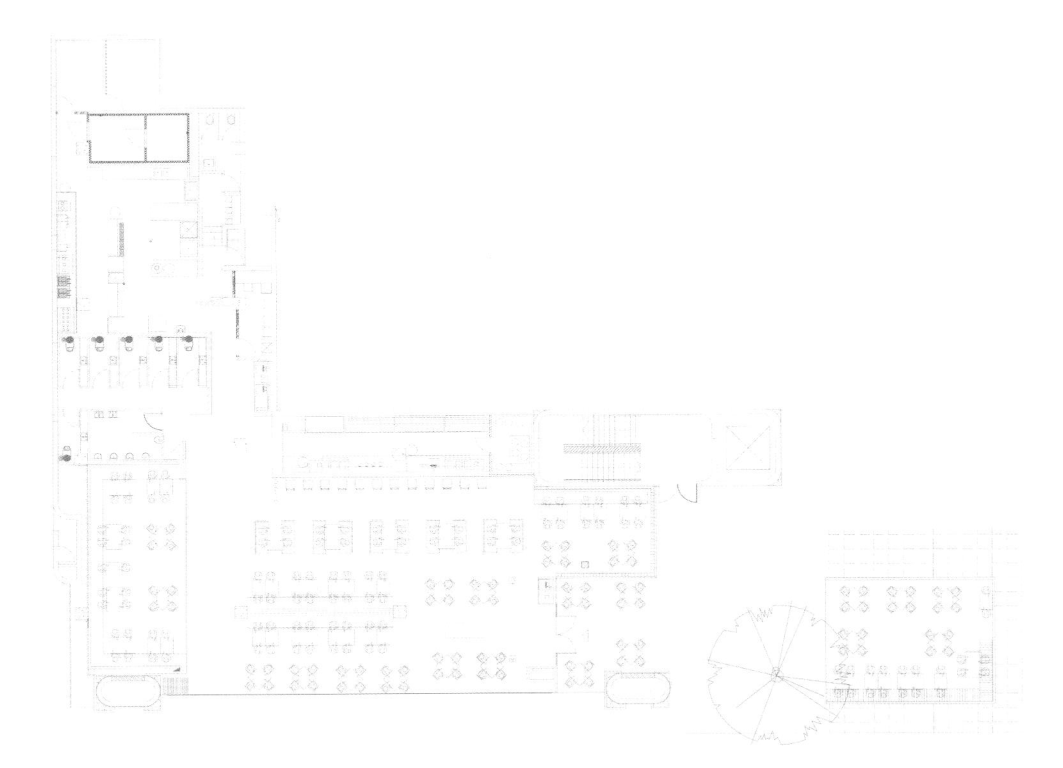

平面图

Omeara 音乐酒吧

Align 设计工作室

项目地点 • 英国，伦敦
项目面积 • 836 平方米
完成时间 • 2016
摄影 • 阿拉斯泰尔·利弗（Alastair Lever）
奖项 • 最佳餐饮室内设计提名奖，2017 调酒奖

Align 设计工作室的设计师与 Mumford &Sons 乐队的本·洛维特（Ben Lovett）合作，在伦敦行政区的 Flat Iron 广场打造了一个可容纳 350 人的振奋人心的现场音乐演出场地、酒吧和表演空间，这里现已面向公众开放。占地 9000 平方英尺（836 平方米）的场地内设有一个音乐演出场所、一个独立的现场表演区、四间酒吧、一间演员休息室、两间演员更衣室和一个屋顶花园。

Omeara 音乐酒吧被三个拱形空间和一个新建的 80 平方米带有屋顶花园的庭院扩建空间包围，位于 Omeara 街道通往场地的入口处。三个拱形空间通过内部的连通门相连，位于内墙的中段，外墙的两个拱形空间也有自己的专门入口，位于场地的一侧。第一个拱形空间——将作为一个独立的空间，用来举办重大活动、展览，设置立体造型装置。位于中央的拱形空间为可以容纳 350 人的现场音乐演出场地，舞台位于空间的北侧，旁边是抬升的阶梯式观众席，后面是为残疾人士提供的席位，这还有一部通往楼上酒吧、屋顶平台和空间后方小型酒吧的专属电梯。最后一个拱形空间为占用了底层和夹层空间的主酒吧。

在结构上，由于安装的是铝制框架玻璃，所以一旦获得规划许可，必须移动大门，以增加额外的安全出口。设计师插入了新的内部钢结构，以此支撑起所有新添加的，从楼座、包厢到新的舞台系统的干预结构。该项目面临的最大设计挑战是打造一个有效的声学衬垫系统，使演出场地免受上方繁忙铁路高架桥轨道的低频噪声和振动的干扰。此外，设计师还增加了大量的声学模型，以确保屋顶平台的噪音不会影响住宅区居民的休息。

总的来说，室内处理使人联想到昔日辉煌的哈瓦那风格，有一种破旧的美感，其中包括用锻铁桌腿打造的装饰面板等回收利用材料。地板适用于各个区域，从混凝土和木料到硬木地板和瓷砖，设计师都进行了一系列的处理。

Omeara 音乐酒吧的主入口位于 Omeara 街道上，新建的庭院内设有售票处、衣帽间、商品陈列壁橱和洗手间，进一步延伸至先前的信号塔。入口右侧的楼梯通往楼上的屋顶平台，以及酒吧的上层空间，酒吧的夹层也设有独立的楼梯直接通往底层空间。

1

2

3

1/ 一楼酒吧
2/ 酒吧特写
3/ 酒吧设施

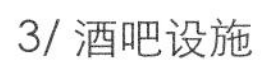

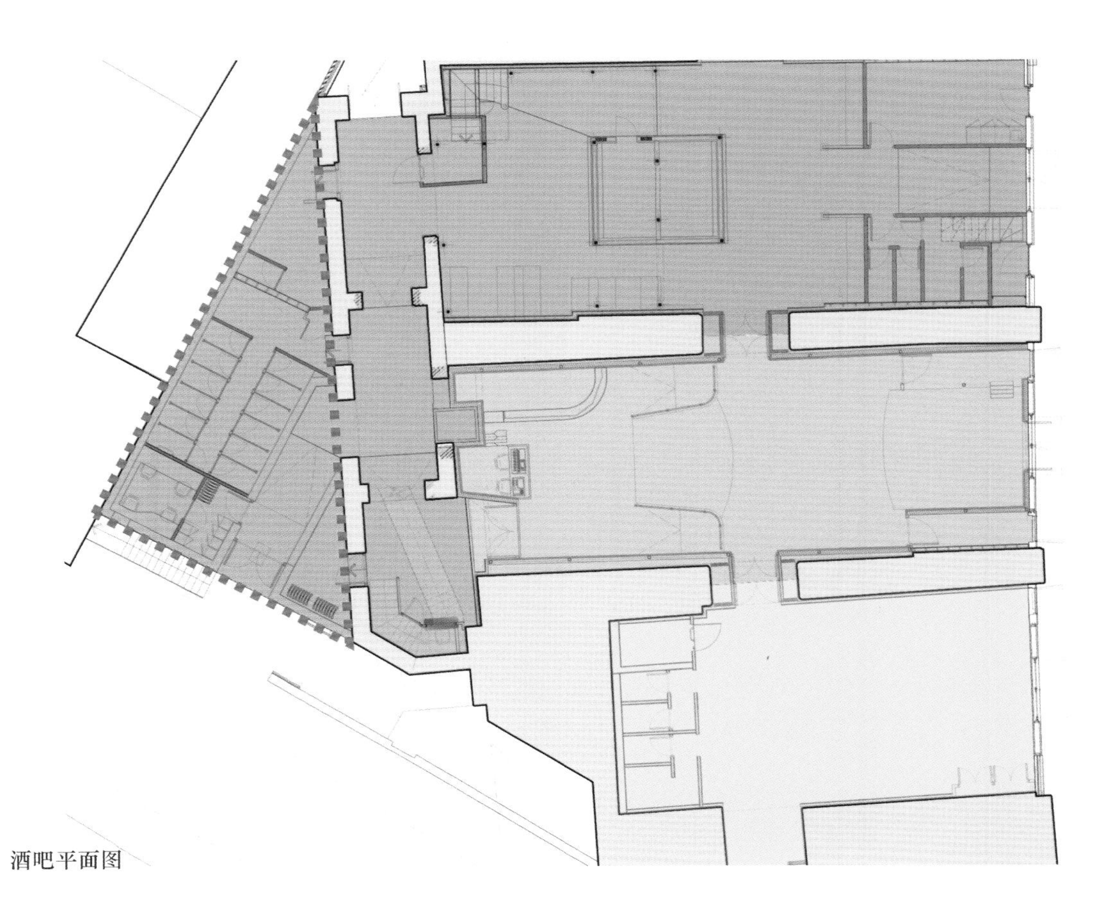

酒吧平面图

4/ 酒吧周围桌椅区
5/ 街道入口通往酒吧二楼

5

Ophelia 酒吧

饮食概念控股有限公司

项目地点 • 中国，香港
项目面积 • 446 平方米
设计师 • 阿什利·萨顿（Ashley Sutton）
完成时间 • 2016
摄影 • 迈克尔·佩里尼 & 大卫·哈通（Michael Perini & David Hartung）

Ophelia 酒吧是一家装潢奢华、花哨的酒吧，其独家经营项目为精彩的现场表演。Ophelia 酒吧的设计灵感来源于香港衰落的历史，使人联想起香港 19 世纪的那些迎合高层次消费者的鸦片烟馆。设计团队利用复杂的金属部件、奢华的手工丝绒家具和华丽的孔雀羽毛进行装饰，给这里带来现代气息。

Ophelia 酒吧的正门主题围绕传闻中一位被称为黄先生的雀贩展开，据说他的鸟笼内饲养了珍禽，店后的大鸟笼更是饲养了稀世孔雀。于是大门及入口便以旧式鸟店为蓝本，一直延伸至迎合高层次消费者的酒吧内。两只华丽的孔雀雕像体现了整个内部空间的重要影响。孔雀开屏图案和在竹子上绘制的特色屏风；32 个钢制、铜制和不锈钢制的，羽毛用真孔雀的羽毛制成的；60 万块瓷砖均为手工绘制而成，并缀以点睛的孔雀羽毛装饰。

对于表演场周围的酒吧围栏，设计师阿什利·萨顿（Ashley Sutton）也是煞费苦心，他将钢筋围栏切割成 12.7 厘米的钢管，然后在钢管重新焊接到一起之前用杠杆式锯进行切割，进而在钢筋顶端留出一条“轧制”线，以此仿制孔雀腿上的花纹图案。设计师切实以顾客为中心，随即在钢筋上切开了另一个切口，将皮革插入，以使倚靠吧台的顾客不会感受到金属的冰冷感。

为了打造一个具有视觉冲击感的现代入口，设计师从传统的中国园林拱门——月亮门汲取灵感。所有拱门面板的设计均采用了相同的酒吧围栏（加入了金属薄板，并用激光将其切割成孔雀羽毛的图案）技术。

旧世界的魅力与现代设计在 Ophelia 酒吧融合，为顾客提供一次难忘的体验。设计师希望 Ophelia 酒吧可以带领人们前往另一个世界。

1/ 室内全景图
2/ 不锈钢制孔雀艺术品

2

3/ 设计灵感来源于传统的中国园林拱门——月亮门
4/ 孔雀式样的装饰切割金属扇对墙面进行装饰
5/ 两只华丽的孔雀雕像将整个内部空间的重要影响体现了出来

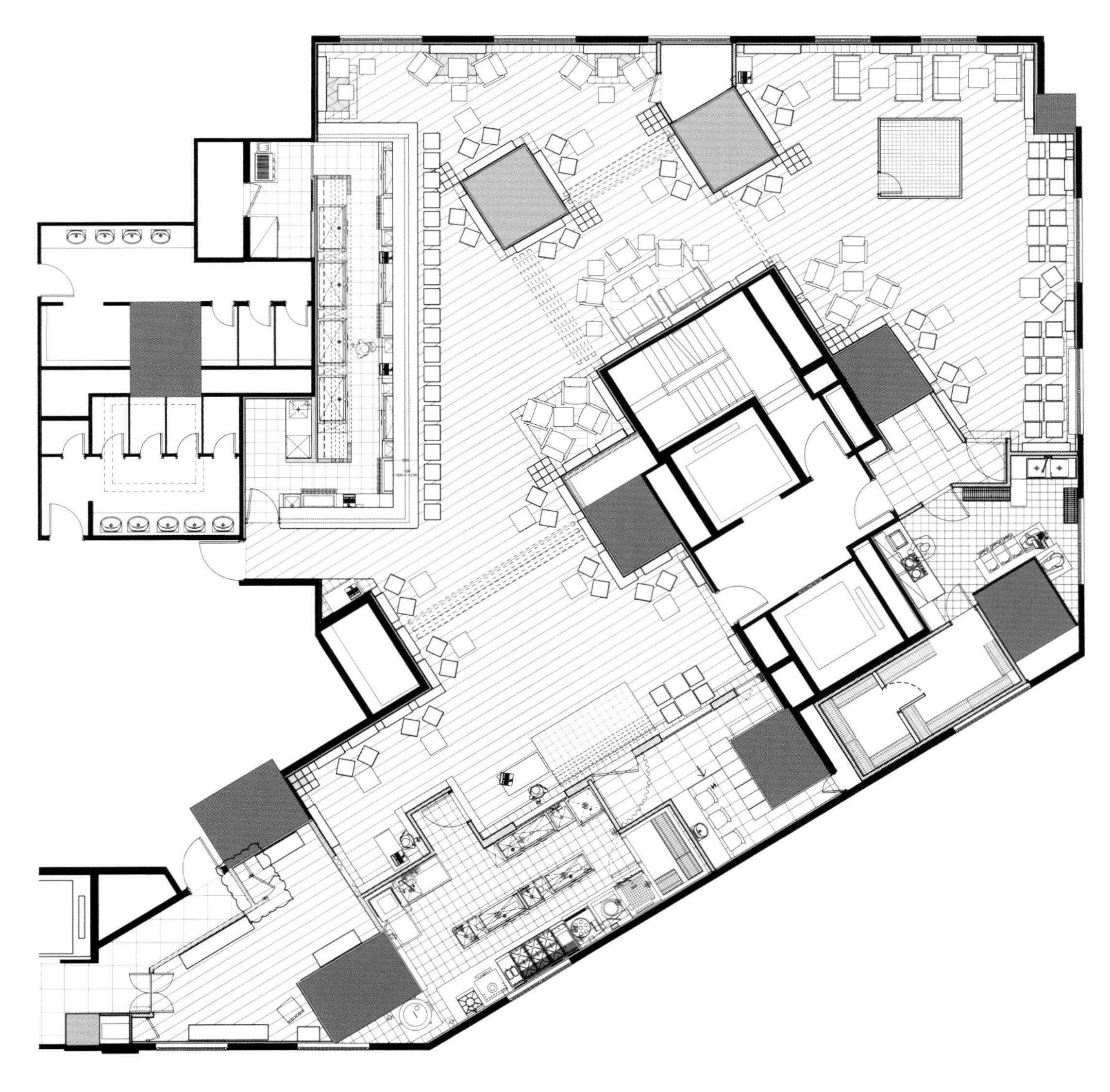

酒吧平面图

BAR

TOMATO
SOUP

Supper 俱乐部

Concrete 事务所

项目地点 • 荷兰，阿姆斯特丹
项目面积 • 365 平方米
完成时间 • 2015
摄影 • 沃特·范·德尔·萨尔（Wouter Van Der Sar）

Supper 俱乐部提供了一个逃离日常生活的世界。这家俱乐部不仅是餐馆、画廊、酒吧，更给人提供一种令人难忘的体验，成为感官的避难所。它是一块空白的画布，彩色的灯光和视像投影彻底改变这个空间，变化之大超乎想象。

这家俱乐部位于奥德安大厦的一楼，穿过厨房，顾客便进入了一个满是奢华装饰元素的空间。椭圆形的轮廓和可以俯瞰 Salle Neige 景致的大阳台是空间的特色所在。夹层楼面内设私人酒吧和吸烟室，穿过 Salle Neige 大门旁边的走廊便能抵达这里。

穿过厨房，顾客便进入了 Salle Neige。这里以支撑楣梁和巨大圆形屋顶的标志性立柱等奢华的装饰元素为特色。Supper 俱乐部内的白色标志性床铺遵循了空间的椭圆形轮廓，沿墙面而设。这些床铺组合成一张大床，为顾客带来一种共享体验的感觉。

缝合好的座椅靠背给人一种柔软的触感，摸起来非常舒服。穿过酒吧入口便是设有 DJ 位置的表演舞台。为了完成俱乐部的改造工程，Concrete 事务所为这家俱乐部设计了折叠床。将床垫翻转过去，这里就是一个可站立、可跳舞的舞台。作为床铺使用的白色床垫可以折叠成黑色沙发，这里也是一个可以跳舞的空间。

第二个酒吧位于空间的右侧，舞池的中央。这个酒吧用白色的 Carrara 大理石构筑而成，在空白的画布上添加了细部元素。不锈钢饮料柜内摆放了各种酒瓶，向顾客展示酒吧供应的酒类产品。新的定位创造了更多的机会，为 Supper 俱乐部增添了全新的创意元素。投影仪遍布 Salle Neige 各处，画面角度超过 225 度，可以对酒吧内部进行监控。通过映射，视觉图像不包括标志性立柱，这不仅强调了房间的建造质量，还增加了空间的深度。

楣梁上方，一大串红绿蓝色的 LED 灯强化了圆顶形天花板的效果。这也同样适用于床铺靠背后面的照明装置。灯光变换出不同的色彩，还可以单独调整，以此满足不同的设置需要。

设计团队将夹层楼面内的酒吧设计成传统酒吧。与吸烟室一样，这里挂满了出自 Supper 俱乐部档案馆的照片，以向顾客介绍这里的昔日场景。为了唤起人们对传统的关注，曾经悬挂在 Rouge 酒吧外墙的旧霓虹灯酒吧标志如今悬挂在酒吧上方，从 Salle Neige 便可看到。

1/ 厨房

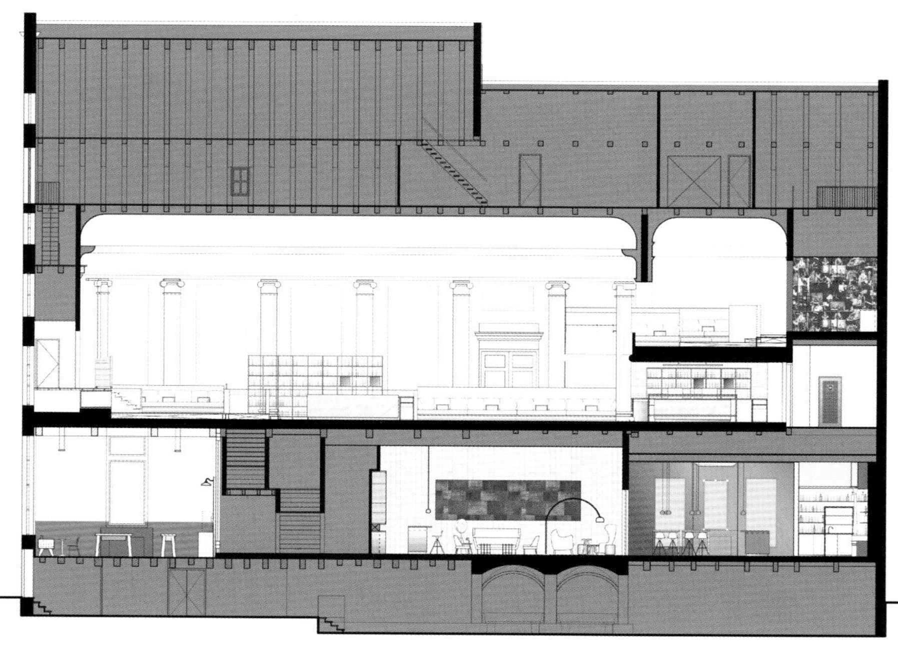

剖面图

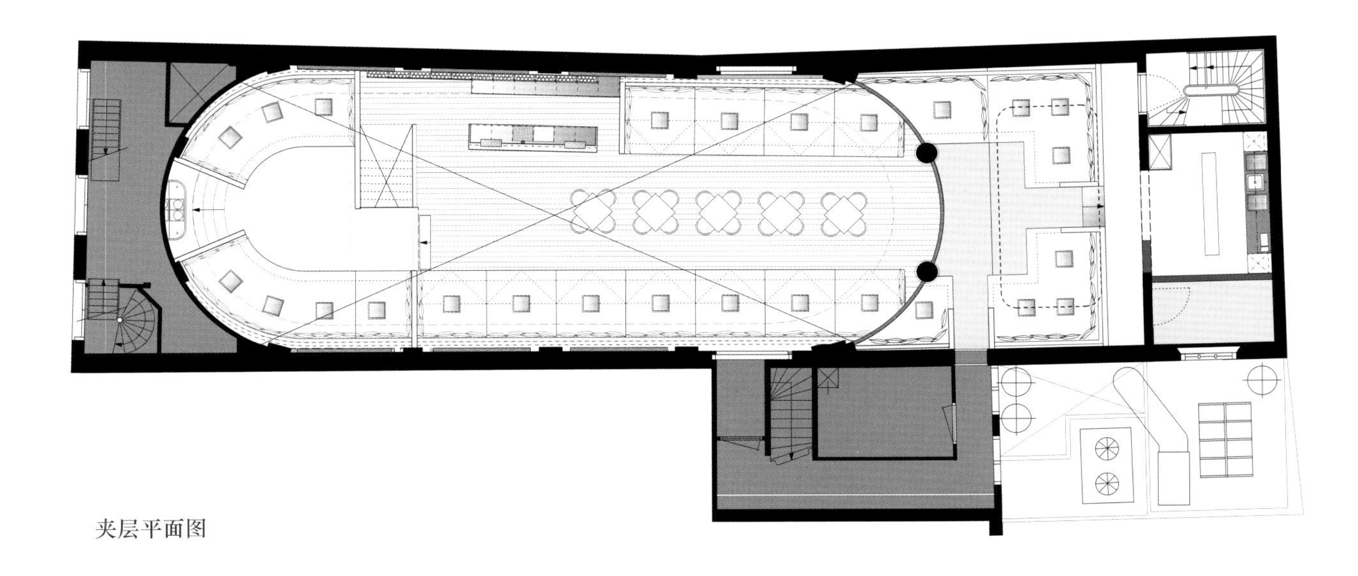

夹层平面图

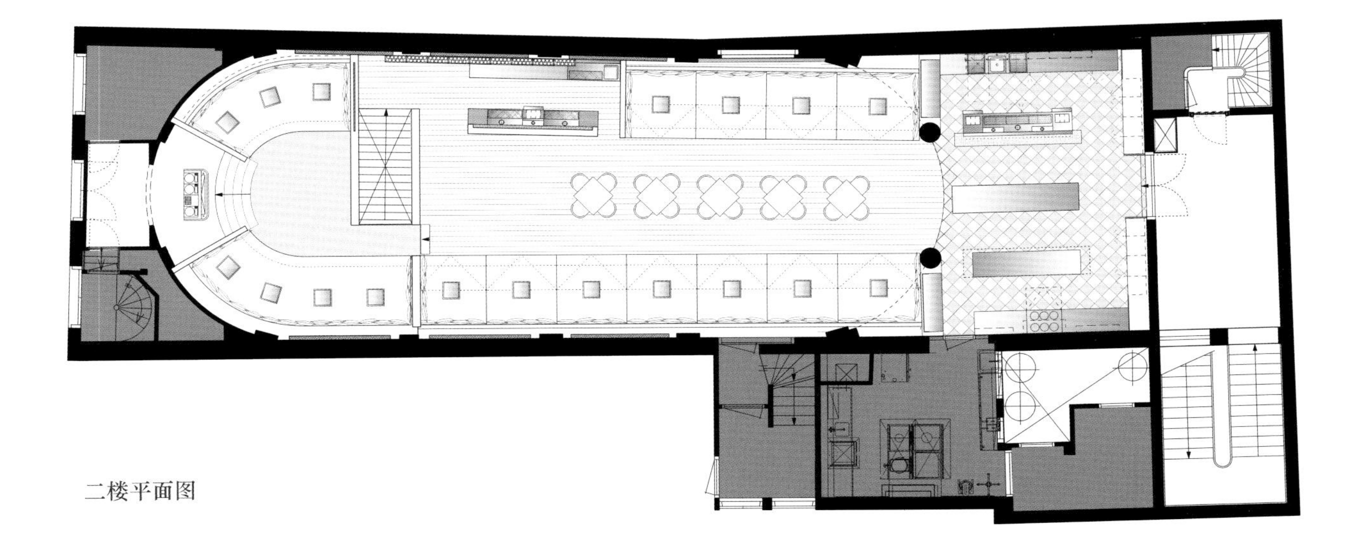

二楼平面图

2

2/ 就餐区
3/ 夹层
4/ 就餐区

V

V+ 酒吧

华夫设计 (Studio Waffles) + 零壹城市建筑事务所 (LYCS Architecture)

项目地点 • 中国, 杭州
项目面积 • 2779 平方米
完成时间 • 2015
摄影 • 零壹城市建筑事务所

杭州 V+ Lounge 内部空间的设计由华夫设计和零壹城市建筑事务所共同完成。该项目地处西湖旁最为繁华的核心商业区——东坡路平海路口的西南角。项目独特的地理位置传递出关于湖水的灵感，设计团队通过对曲线、镜面与光线的运用，将水下、水面、水上的不同感官体验融入整个内部空间。

设计团队利用一层大堂层高较高的优势，让若隐若现的几何分割光线穿插于整面墙体，使空间看起来宽敞、大气。细腻考究的材质暗示了整个项目低调、奢华的空间属性。

三层是综合性酒吧，内设多种类型的吧台，以满足不同顾客的需求。休息区正中间耸立着黑白大理石拼接的巨大 V+ Logo，Logo 图案在不同的视角下会产生不同的变化。大理石墙面经过点光源的反射，将层高的优势通过戏剧化的材质表现方式进行解构和重组，最终强化这一布局开阔的酒吧的感觉。

酒吧着重营造水下空间氛围。设计师使用透明的水纹玻璃作为墙面，顶部设置了射灯和漫反射灯光，利用空间的纵深优势，打造了一个虚实结合的水下酒吧，在变换的灯光下，柔和地呈现出四季交替的景象。

七层和八层是专属于 V+ Lounge VIP 的独享空间，设计语言与其他空间统一，但更为尊贵、奢华。西湖湖畔的两层空间部分被上下打通，形成了一个中空的空间，既交相呼应又独立分隔，并用一种非常现代的方式在空间内展现水景元素。

为了体现湖面轻盈的光影和微妙细腻的动感，七层整体空间采用了厚重精致的材料，从而展现水面的斑驳之感。吧台区域的设计以玻璃和金属材质为主，结合穿插于玻璃中间的灯光，营造出发光宝石的效果，使整体吧台成为一个视觉焦点。

在散客区，椭圆形片状物包裹柱体，可以在合适的高度形成桌面，给顾客带来独特的用餐体验。设计师沿窗区域设置了可灵活组合的桌椅，中性的暗色调空间使窗外的西湖夜景更加抢眼夺目。八层整体空间延续了七层材质对比的做法，但在空间造型上使用了具有序列感且对称的线条元素，以区别于七层自由排列的几何线条。

在 VIP 室内，天花板由银白色的金属插片与质感较为厚重的混凝土构筑而成，强调了材料的厚重感与轻盈感、多元性与整体性。地面部分选用暗色调的石材结合金属线条拼接。厚重的暗色调材质更能凸显出银白色金属插片的轻盈感。

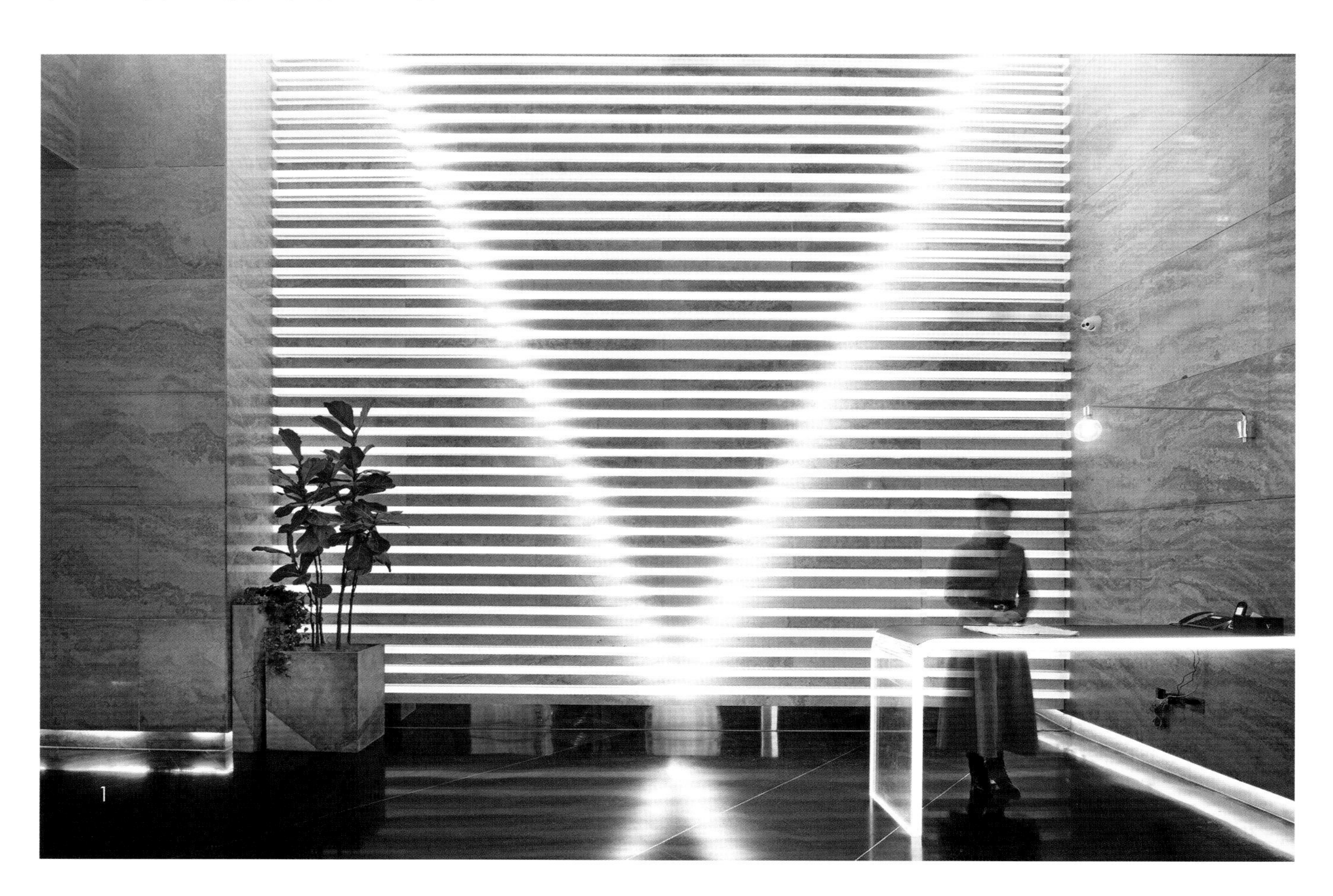
1

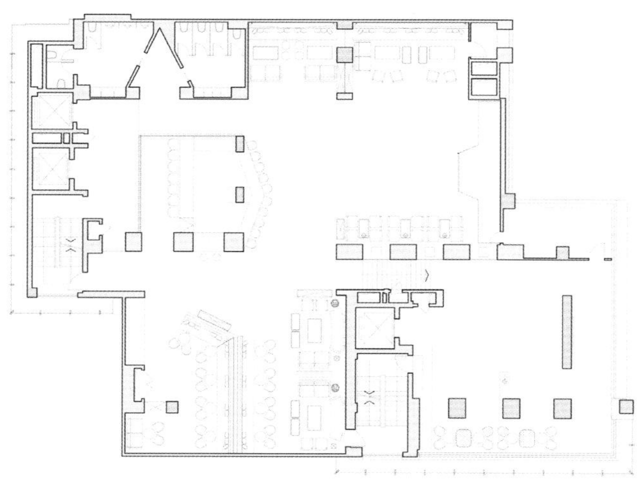

三楼平面图

1/ 一楼主入口
2-3/ 三楼酒吧

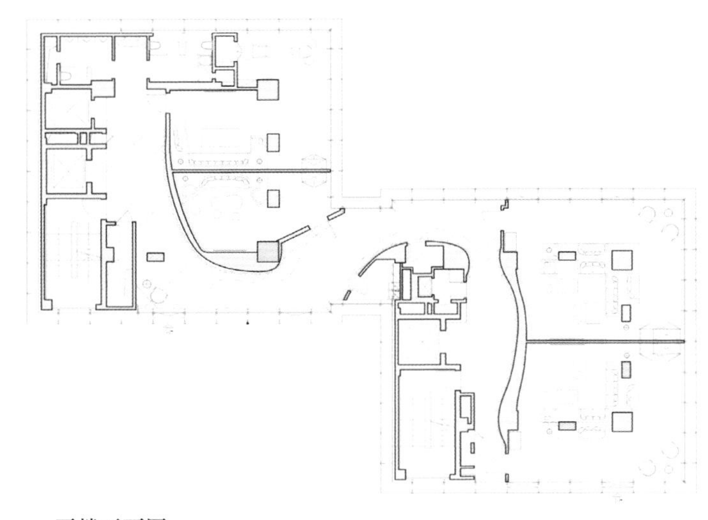

五楼平面图

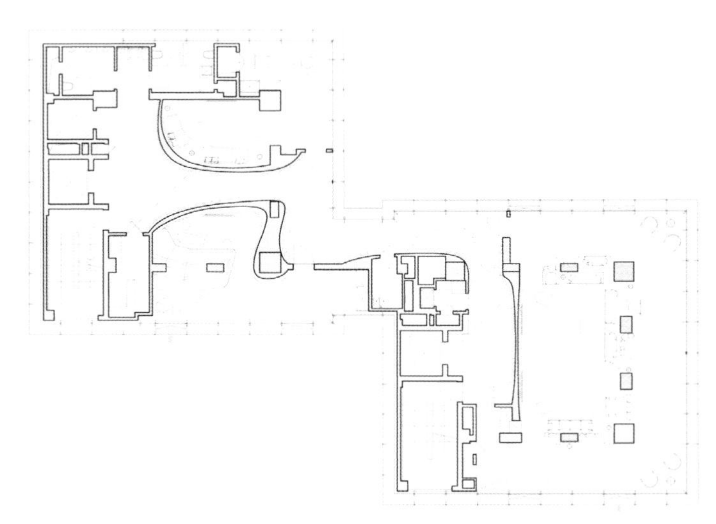

六楼平面图

4

5

4-5/ 六楼走廊
6-7/ 六楼包间

8

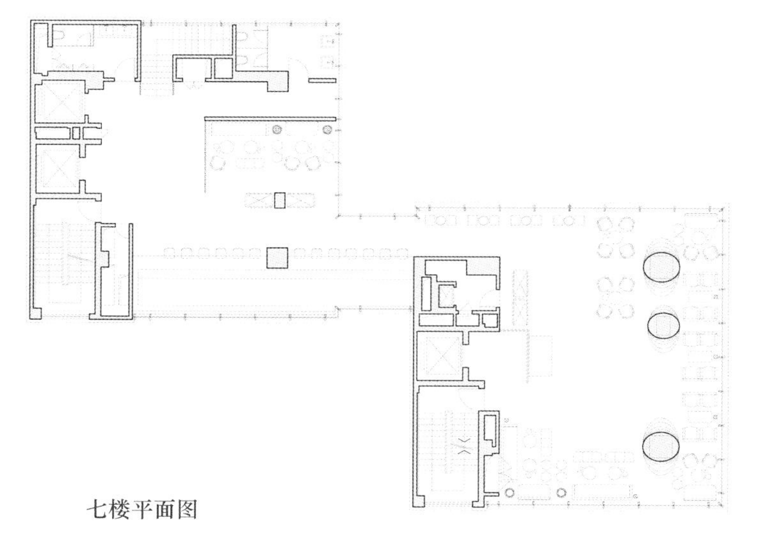
七楼平面图

9

8-9/ 七楼 VIP 包间
10-11/ 八楼 VIP 包间

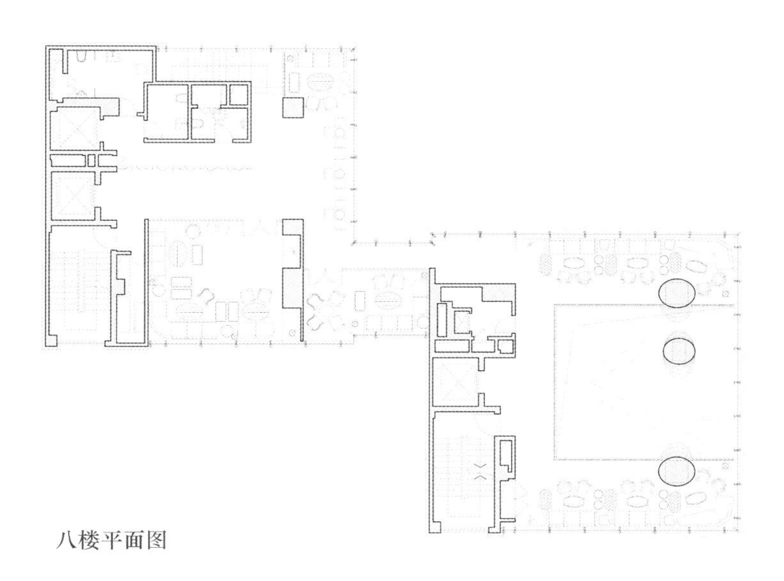
八楼平面图

啤酒吧

Maker's Mark
HIGH WEST
LOT 40

Beer Belly 啤酒吧

Make Architecture 事务所

项目地点 • 美国，长滩
项目面积 • 268 平方米
完成时间 • 2016
摄影 • 莫妮卡·西奥（Monika Siauw）
奖项 • 2017 洛杉矶 AIA 餐厅设计奖，评审团奖

Beer Belly 啤酒吧是位于长滩大道、派因大道附近三号街以东和长滩海滨大道街角处的一栋约 2884 平方英尺（268 平方米）的独立式木制、石造建筑，身处长滩蓬勃发展的精酿啤酒产业区内。

第一家 Beer Belly 啤酒吧位于洛杉矶的韩国城内，Make Architecture 事务所力求创造另一种独特的建筑体验。那里原来是一个紧凑的空间——其架构解决方案非常简单——为内墙覆上包层，“A”形天花板上带有滤镜效果的图案，图案由三种大小不一的色相和强度组成，以此创建一个迷你啤酒吧。在设计长滩的这家 Beer Belly 啤酒吧时，设计团队从现有空间中汲取灵感——从裸露的花旗松木桁架天花板中获取线索——创造了一种建筑特色。木框架的高重复性是天花板连续式骨架结构的基础。

在保留屋顶桁架现有下弦杆的同时，后添加的花旗松木从天花板上斜切而下，为现有的店面增添了木制屏风，而且还可作为酒吧区的悬空台面。在酒吧的旁边，全高的骨架墙从空间的一端穿过，对展台进行了空间界定。

虽然原有结构的规模无法满足酒吧设置指示标志的需求，但长滩的 Beer Belly 啤酒吧却是一家著名的酒吧。设计团队向长滩的航海历史致敬，设计了主酒吧，外覆波浪状的涂黑金属，光滑却有分面形式。波状墙面连接着空间的两端，从内部发光的玻璃搁板中射出的转瞬即逝的光线似乎是在沿着波状墙面轻盈浮动。

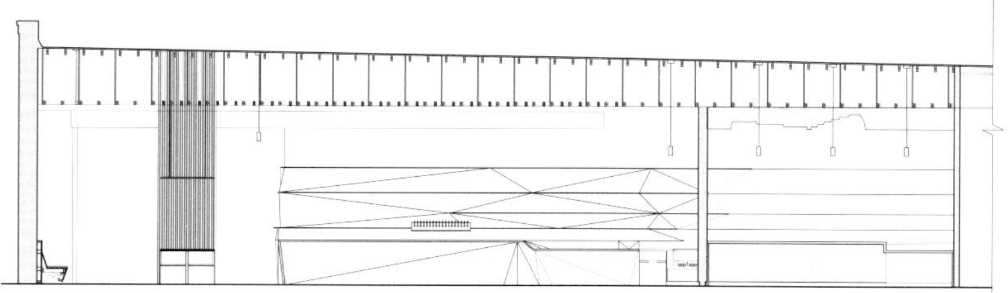

朝南的东西方向剖面图

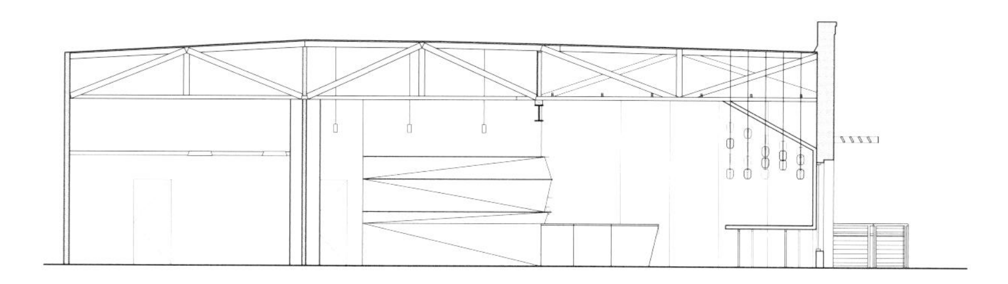

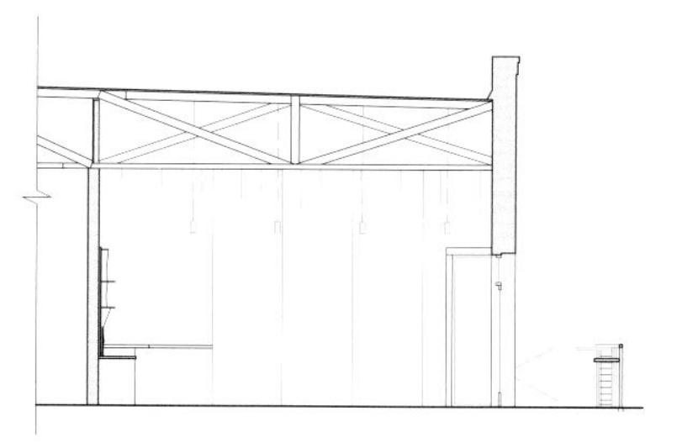

朝西的南北方向剖面图

1/ 主酒吧内景

2/ 临近主酒吧的餐桌

3/ 隔间区

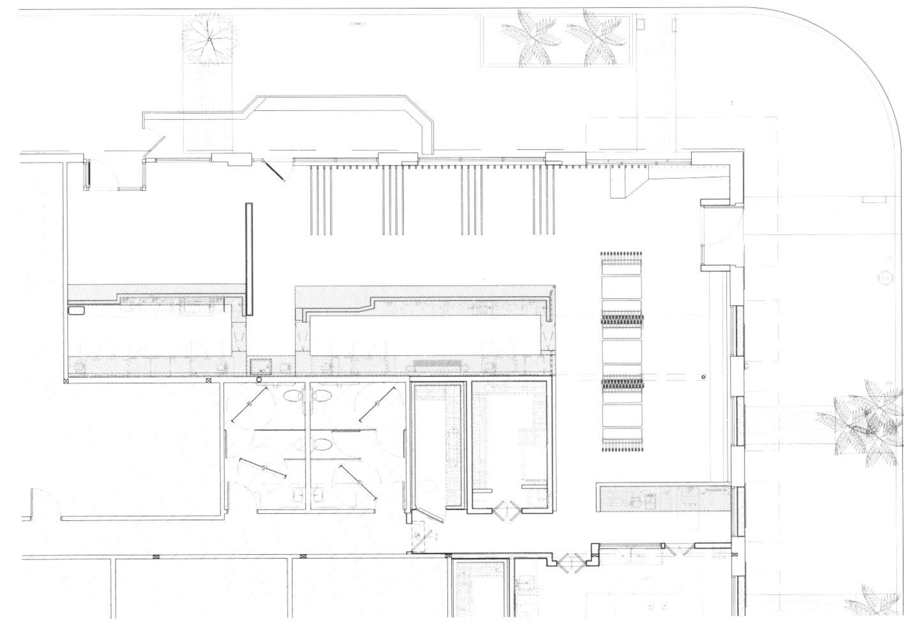

酒吧平面图

2

3

BUONA
BOCCA
SALAD
-CAPRESE 75RMB
-TROPICALE 88RMB
COCKTAIL
-SPRITZ
-NEGRONI 55RMB
-NEGRONI SBAGLIATO 55RMB
-BUONA BOCCA 55RMB
COLD CUTS
火腿拼盘
S 88RMB
L 188RMB
CHEESE PLATE
奶酪拼盘
MIXED PLATE
混搭

Buona Bocca 酒吧

Ramoprimo 工作室

项目地点 • 中国，北京
项目面积 • 60 平方米
完成时间 • 2016
摄影 • Ramoprimo 工作室，克里斯蒂亚诺·比安奇（Cristiano Bianchi），王梦岩（Mengyan Wang）

北京 Buona Bocca 酒吧的设计以“砖”的装饰运用为设计核心。以“砖”为纽带建立起意大利酒文化与中国之间的关系。在意大利，人们以砖定义酒吧与酒窖空间的氛围。在北京，砖是古代城市建筑最常见的建筑元素。该项目中那些从老胡同区收集来的传统灰砖被切成薄片，涂上白色，并随机缀以不同的颜色。

在酒吧名称和标志的定义方面，委托方希望以“漂亮的嘴巴”（意大利语为 Bocca）为元素，有食物和风情两层意思。为了深化这一联想，该项目采用了黄色的树脂地面。在中国，黄色是与风情或浪漫有关的色彩，在西方，则以红色来表达。

嘴巴也作为图形装饰出现在酒吧内和外墙上的定制米色壁纸上。Ramoprimo 工作室的计师们将旧砖块图案的图像转移到画布上的大型模板艺术画上，并用酒吧内的颜色画了两张唱片，以此增加酒吧的个性化品质。

吧台是一个用白色可丽耐大理石制成的长方体，悬空于黄色树脂地面上方，并贯穿于整个空间。它在视觉上将厨房与酒吧的其他区域——品酒角落、主用餐区和向外延伸成为街道黄色公共长椅的高台上的休息区联系起来。

这三个区域反映了委托方想要一个能全天候使用的灵活空间的诉求：早上可以作为早餐吧，中午可以作为舒适空间，晚上则可作为精品酒吧。

混凝土天花板、墙壁和现有的建筑管道均一尘不染，并保持裸露的状态，以彰显都市风格。新增嵌饰均以黑铁板进行明确区分，形成了可以作为酒瓶展示的人字形架子，弯折后还可用作通往厨房上方私人办公室的楼梯。

为了使空间充满生气和活力，设计团队为酒吧添置了两个大型的几何体定制吊灯，其设计灵感来源于意大利南部节日庆典时常常会看到的照明装饰物，以此唤起节日带来的惊喜和欢乐气氛。夜晚时分，在灯光的照射下，天花板犹如繁星闪耀的浪漫星空；在白天，照明装置则以雅致的几何体形态营造空间张力。

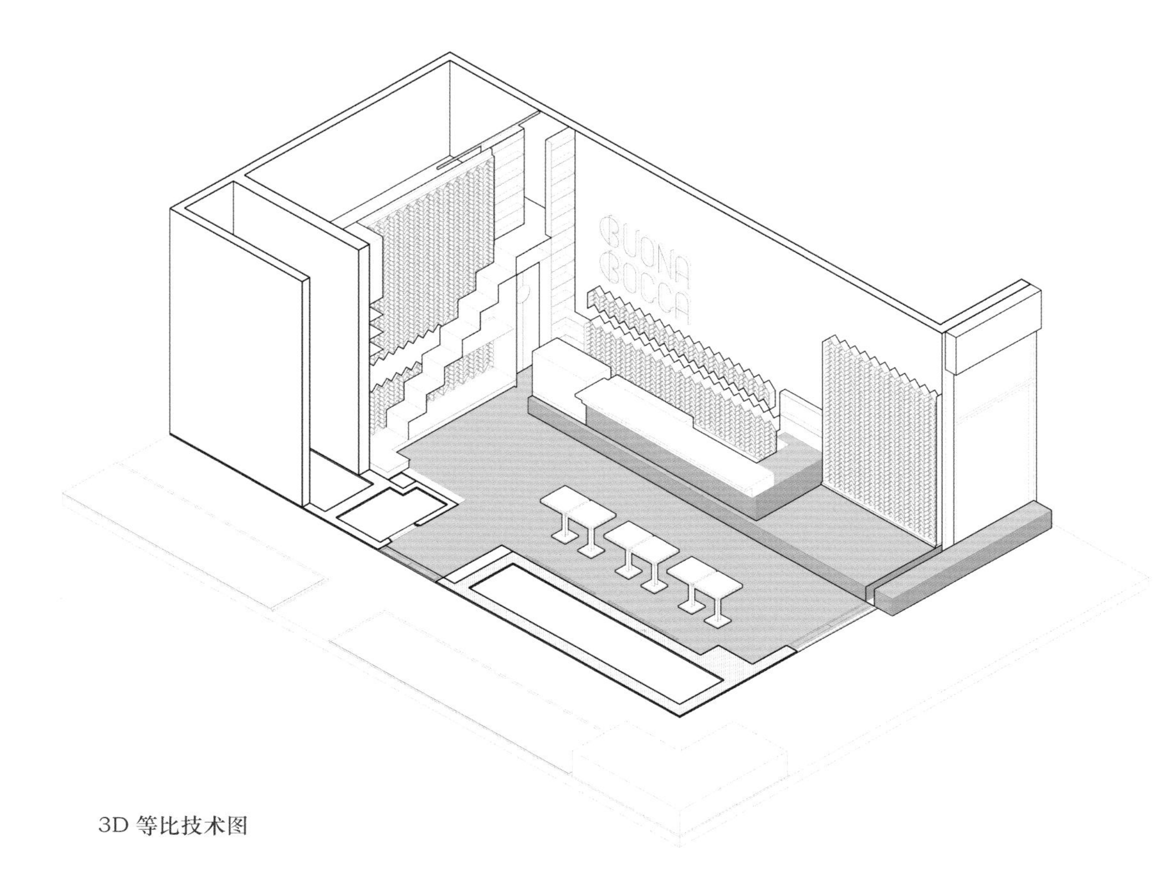

3D 等比技术图

1

1/ 核心区鸟瞰图
2/ 砌砖结构用来摆放酒瓶
3/ 砌砖图案作墙面装饰

酒吧横剖面图

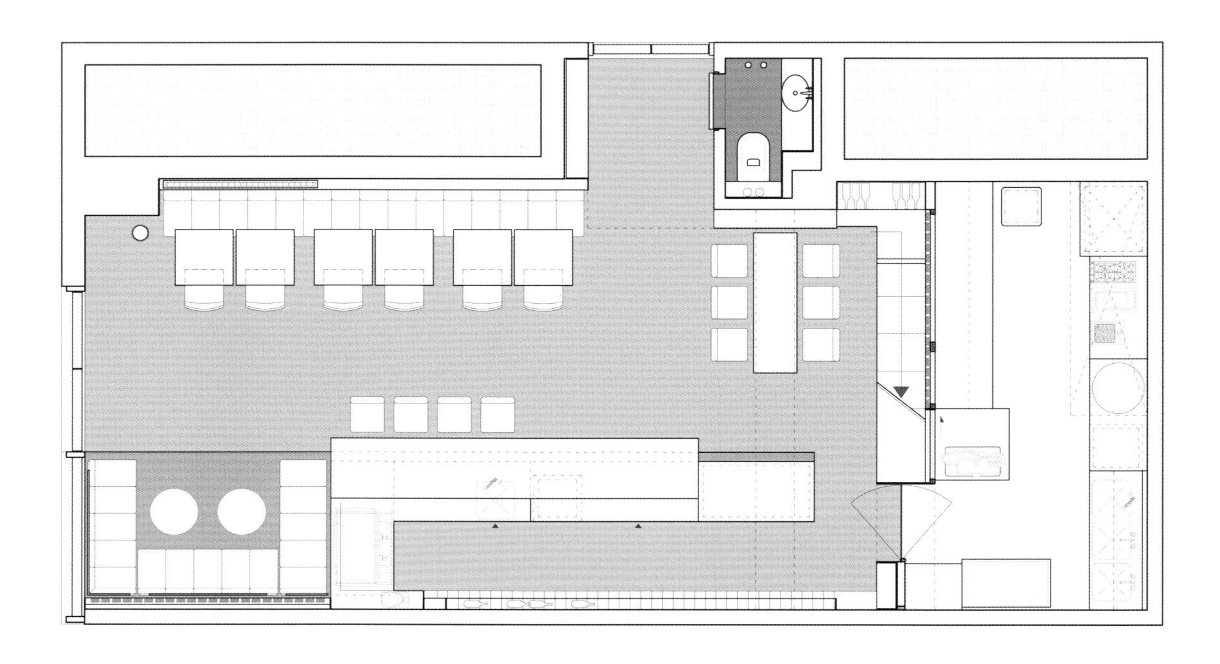

酒吧平面图

4/ 主空间景象

5/ 墙上带有装饰元素的座椅区

5

查尔斯·史密斯葡萄酒厂

奥尔森昆丁建筑师事务所

项目地点 • 美国，西雅图
项目面积 • 325 平方米
完成时间 • 2015
摄影 • 丹尼斯·洛 (Dennis Lo)
奖项 • 2017 美国芝加哥芝加哥雅典娜博物馆，美国建筑奖，
2016 Architizer A+ 奖

查尔斯·史密斯葡萄酒厂最初是为佩珀博士的瓶装工厂建造的，这里后来变成了一个回收利用中心，而且保留了建筑难得的工业气息。设计团队的灵感来源于酿酒师查尔斯·史密斯不合乎传统的态度：建造一片空场地，凸显建筑和乔治城周边街区的原始美感。

这座建于 20 世纪 60 年代的建筑的改造工程包括用约 5.8 米 x 18.3 米的窗户替代部分临街的外墙，建筑面向附近的街区和雷尼尔山的美景。将近约 2.1 米高的字母环绕在布告板样式的建筑顶部周围，向世界宣告这里是“查尔斯·史密斯葡萄酒厂”。

这栋建筑由两个部分组成，一栋二层建筑和一栋相邻的开放式结构钢桁架仓库。在这里，人们完成了葡萄压榨、桶藏和灌装到品尝、销售多个环节。

走进约 6.1 米高的钢制大门，来访者可以在两个品酒室间做出选择。入口处的休息室非常质朴，并以抛光的混凝土地面、裸露的木搁栅、滑动的黑钢墙板、用废旧的约 15 厘米 x 15 厘米层压材料制成的木制鸡尾酒桌和用堆叠的废旧木料制成的横杆为特色。

插入原有结构的厚钢板楼梯将一楼的休息室和二楼宽敞的品酒室连接起来。酒厂二楼歌颂了西雅图的航空历史，并利用原有的木制地板和白色且装有软垫的座椅有效地捕捉到 20 世纪 60 年代早期的航海氛围；车轮上的大型有机玻璃品酒吧位于中央舞台之上，底座漆采用的是 1961 年推出的新型房车的福特蓝色。这间品酒室俯瞰着波音机场的跑道，这里还能够看到雷尼尔山的壮丽景色，客人可以透过室内的窗户看到整个酿酒过程。二楼还有一间完全商业化的厨房，可以在酒厂举办收获午宴和聚餐活动时使用。

用来存放罐桶的开放式楼层位于建筑中央。入口处和楼上的品酒室面向一楼的生产区，向客人展示酿酒技术的工艺操作——无论是采收葡萄还是桶藏陈酿葡萄酒。在非采收季节，约 743 平方米的生产车间还可用来举办活动，并容纳下 800 人。

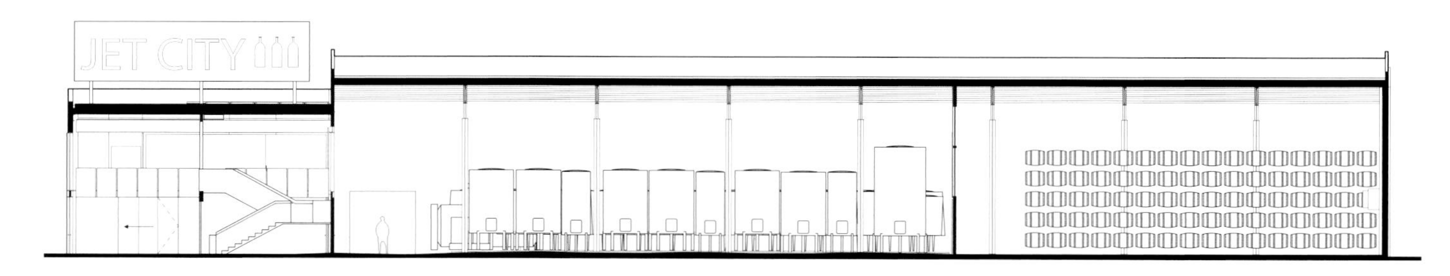

剖面图

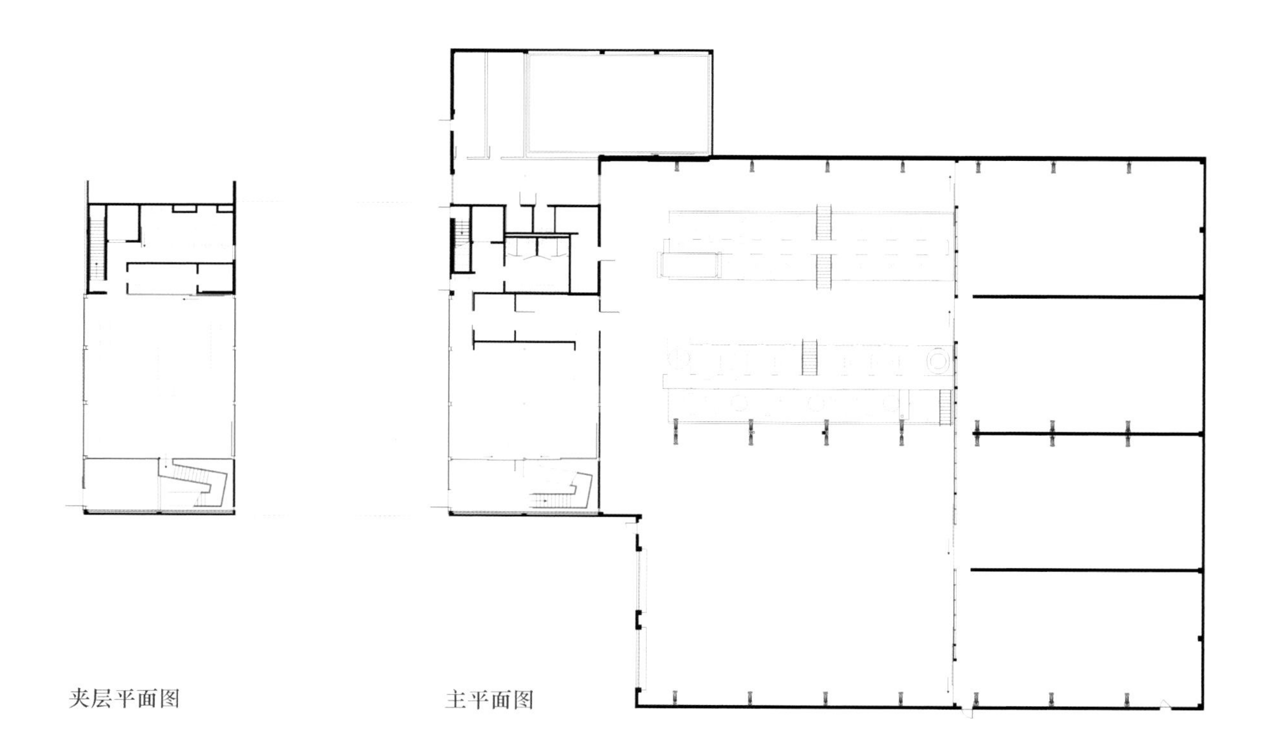

夹层平面图

主平面图

1/ 酒吧外景
2/ 酒桶
3/ 品酒室

4

6

5

4/ 生产区
5-6/ 活动空间
7/ 品酒室与活动中心的外景

EXIT
老炮儿黑啤

东里手工啤酒坊

维度工作室

项目地点 • 中国，北京
项目面积 • 350 平方米
完成时间 • 2016
摄影 • 曹有涛

2015 年，东里手工啤酒坊的创办者决定在北京开设一家品尝精酿手工啤酒的酒吧。东里手工啤酒坊意在为客户提供独特的啤酒品尝体验。整个设计考虑到了传统手工酿造啤酒发酵技术及当代舒适聚集场所的需求。委托方提出，要将啤酒的蒸馏发酵过程呈现给顾客。

3767 平方英尺（350 平方米）的空间内包含主餐饮区、VIP 房间、厨房及其他服务区域。餐饮区围绕吧台而设，方便顾客点餐。在一侧的玻璃墙内有 8 个蓄电发酵蒸馏桶，顾客一进入餐厅便能看见。

设计要体现工业元素，因此，“铜”在整个材料运用中扮演着主要的角色，从吊顶、灯光、把手到其他各个设计要素，啤酒酿造对材料有相应需求，如传输管道，器皿等。

照明设计方面，吊顶灯、铜制管道都用金色网包裹。一方面可以走线，塑造灯的形状及标志，另一方面可以对餐饮区域进行划分。所有吊顶灯的设计都采用暖色调，灯管垂下，外观统一，营造了一种舒适的感觉。

此外，混凝土墙与木质家具的搭配完善了材料的选择，给整个餐吧带来了强大的视觉冲击。用餐区的地面呈现了三种不同色调，而大部分墙体也为混凝土材质。木质元素被运用到座椅、餐桌及吧台上，营造了一种舒适的家庭氛围。人们愿意与朋友在这里度过悠闲而漫长的午后时光，喝上几杯口感甚佳的手工啤酒。

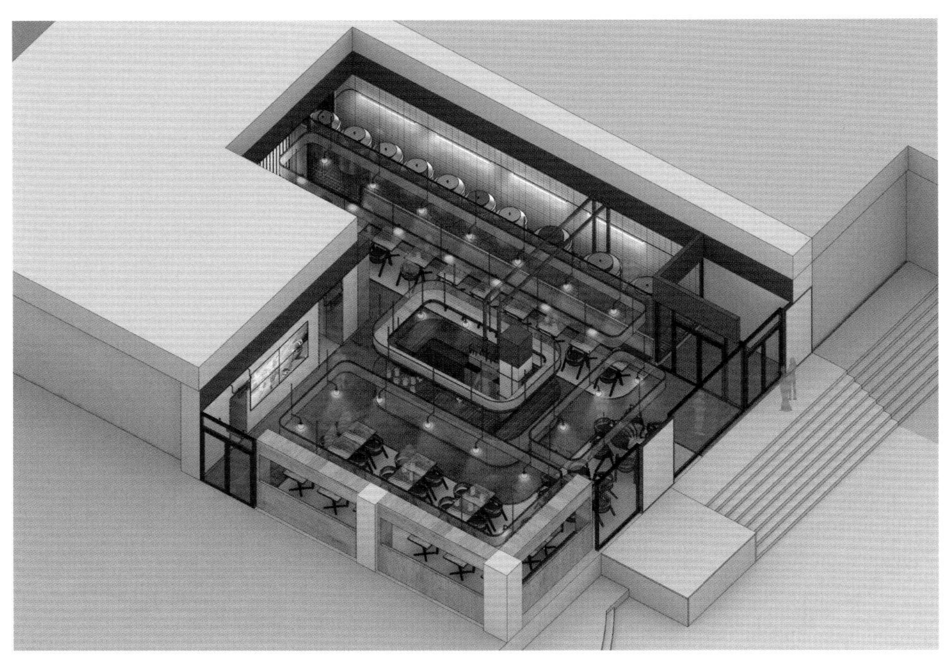

鸟瞰效果图

1/ 就餐区
2/ 包厢
3/ 洗手间细部图

2

3

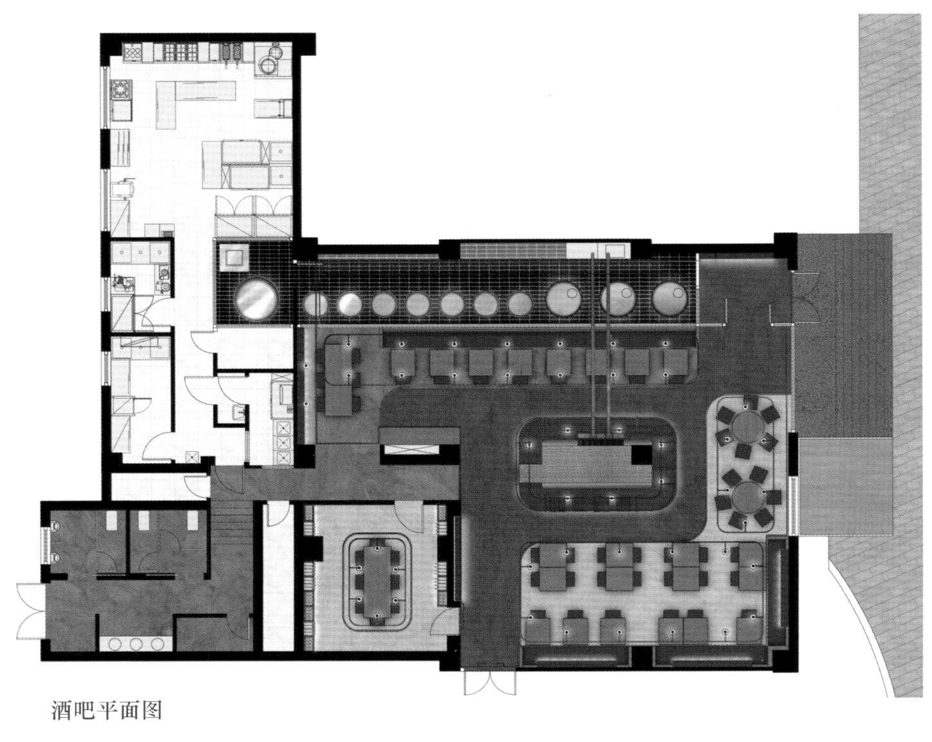
酒吧平面图

Flask 酒吧与 The Press 三明治店

阿尔贝托·凯奥拉（Alberto Caiola）

项目地点 • 中国，上海
项目面积 • 325 平方米
完成时间 • 2014
摄影 • 沈忠海

为了使酒吧的影响最大化，设计团队采用了一种全然不同的方式执行这个项目，通过对比和复古等手法，创造出一种完全出乎意料的惊喜。因此，他们设计了一家色彩鲜艳的三明治店铺，店铺名为 Press。餐厅中央放置了一台老式可口可乐自动售货机，这是一个非常巧妙的伪装，打开这扇假门，就可以前往 Flask 酒吧。

走在 Press 与 Flask 之间的通道上，人们可以感受到二者在环境上的强烈对比。轻松、愉快的感觉，明亮的色彩和灯光——再往里走几步，这些元素便成了引领人们走进神秘空间的纽带，这里有着温暖、柔和的灯光，客人的私语使来访者更加好奇。通过那扇假门，客人第一眼看到的就是与传统酒吧并无二致的陈设：精致酒瓶的展示、模糊朦胧的感觉、各种各样的家具等。

为了满足时代需要，设计团队在 Flask 酒吧的设计中融入了很多当代元素。第一元素便是引人注目的吊顶：一连串有棱角的立方体向入口处延伸，吸引客人进一步探索这个神秘的空间。设计团队还设置了两种有特色的酒瓶。第一种是位于出口旁边的落地式置物台，使用的是 50 升的威士忌酒瓶，每个瓶子上都安装了一个内置的聚光灯，照亮了酒瓶内的液体，发出琥珀色的光芒。第二种是一种墙面装置，神秘的夹层后面藏有几排烧瓶——正如这家隐秘的酒吧一样，这些烧瓶的表面被掩盖住，只是它们的造型轮廓给人一种盛装有东西的感觉。

其他空间的设计给人以私人空间的感觉。灯光保持最小亮度，非常柔和，整个场内的灯光点互相反射，散发出温暖的光芒。最突出的是吊顶内的铜制照明装置，它们从上方放射出微妙的琥珀色灯光。光线将一连串立方体反射在另一边的烧瓶上，营造出一种整体发光的效果，按照惯例增强低矮天花板的气势。

吧台背景上的 LED 灯照亮了陈列的酒瓶，制造了一种深度幻觉，就好像墙壁消失了一样。倾斜的镜面也面对着门口，因此，客人目视前方便可以看到头顶上方的那排立方体，给他们带来一种想一窥究竟的微妙感。在空间较远的一端，一面巨大凸起的镜子将整个酒吧的样子反射了出来。

为了增加空间的温馨舒适感，设计团队在落座区内设置了一些隔断，将空间自然地划分开来。从右往左看去，座椅和桌面的高度较低，数量也较少，以便在紧凑、封闭的空间内打造出动态的景观。同样地，木质地板的色泽由深到浅再到深，与流体运动同步。

Flask&The Press 是一间非传统的二重餐吧组合，它突破了酒吧的传统概念：三明治店铺后边便是一个舒适的现代酒吧。同时，这里光明与黑暗并存，既显优雅又时髦，既是私人空间又有趣无比。

1

1-2/ 酒吧前面的 Press 三明治店
3/ 可口可乐自动售货机充当鸡尾酒吧的假门

2

3

4/ 整体发光的效果增强低矮天花板的气势

5/ 25 公升的威士忌酒瓶装置充当酒吧隔断

5

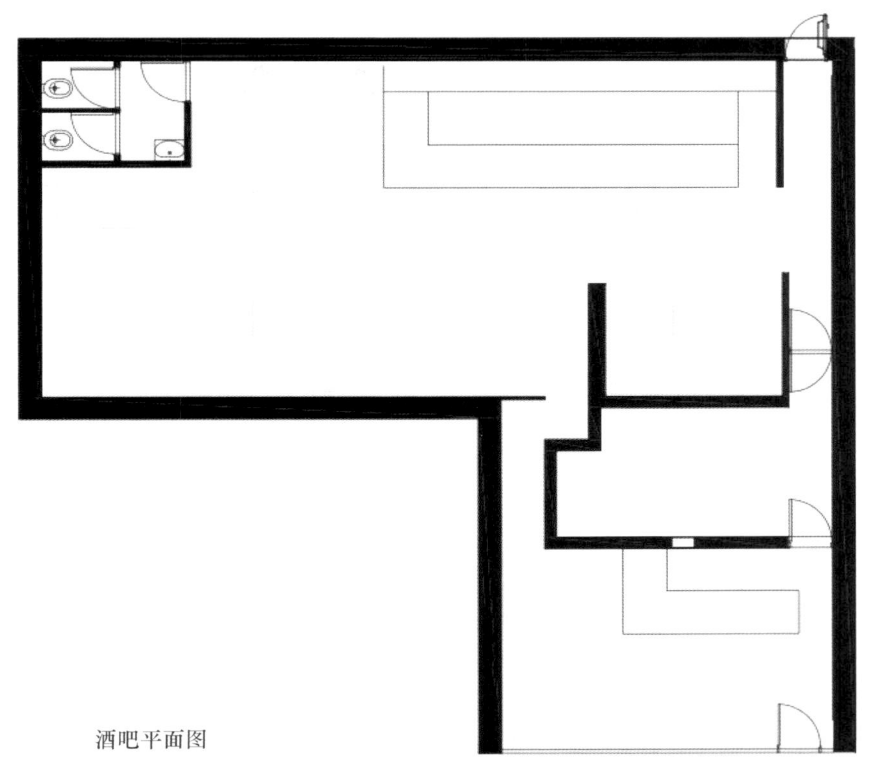

酒吧平面图

LoggerHead 酒吧

YOD 设计工作室 / 利亚·内普拉夫达 (Llya Nepravda)

项目地点 • 乌克兰，基辅
项目面积 • 120 平方米
完成时间 • 2016
摄影 • 安德烈·阿夫杰延科 (Andrey Avdeenko)

LoggerHead 是一种长柄球状的铁制工具，调酒师用这个工具在饮料中溶解糖。在 18 世纪，LoggerHead 是调酒师的主要工具。当时的食谱非常简单，食材的品质很好但种类有限。带有传奇色彩的 LoggerHead 在 1740 年至 1780 年间开始被用作酒吧内的调酒工具，并一直沿用至今。调酒师向顾客展示这种调酒工具，并带领顾客走进“古风时期”的神秘世界。

一扇安装有开关的门，看起来像变压器一样，这里就是酒吧的入口。LoggerHead 酒吧坐落在城市中心的黑暗庭院内，酒吧文化的追随者为了探寻这扇暗门已经奔走了一个月。顾客不会在 facebook 上看到关于它的任何信息，也不会找到任何可识别的标志。这里有特定的受众群体，独特、守旧且见解独到。

酒吧建筑的前身充满了历史的痕迹。该建筑曾经是雅格·伯尔尼 (Jacob Berner) 的住所，他是基辅市一个著名的慈善家。建筑建于 1886 年，细心的客人会发现墙上有块写着“JB”的砖。酒吧的位置和理念决定了室内设计的风格。为了保留历史的气息，设计团队决定尽量少改动原建筑结构。项目设计中，这家酒吧的特色得以强调：建筑的原真性、调酒师的手艺和爵士乐。得益于建筑改造和对现代材料的谨慎使用，建筑的历史气息得到彰显。

建筑的拱形圆顶完好无损，这有助于向顾客展现古砖石建筑的结构和建立与历史之间的联系。除了周围的底板外，琥珀色的照明装置非常隐蔽，这种设计方式有助于对古老砖石建筑的结构进行展示。偏黄色调的柔和光线洒满墙面，营造了一种意境，同时可以放松顾客的心情。设计团队将黄铜、钢材嵌入地板和底板，以此冲淡热轧金属的单调感。

由黄铜、钢材制金属底板构成的吧台成了酒吧的灵魂。酒吧的顾客大都集中在这里，并在这里感受酒吧文化，品尝新的食物和与他人交流。

爵士乐表演在带有场景的空间内进行，这样有助于有着共同音乐偏好的人形成一个共同体。与设计师安德烈·加卢什卡（Andrey Galushka）一起合作设计的麦克风形式的新颖灯具更是烘托了爵士乐的氛围。

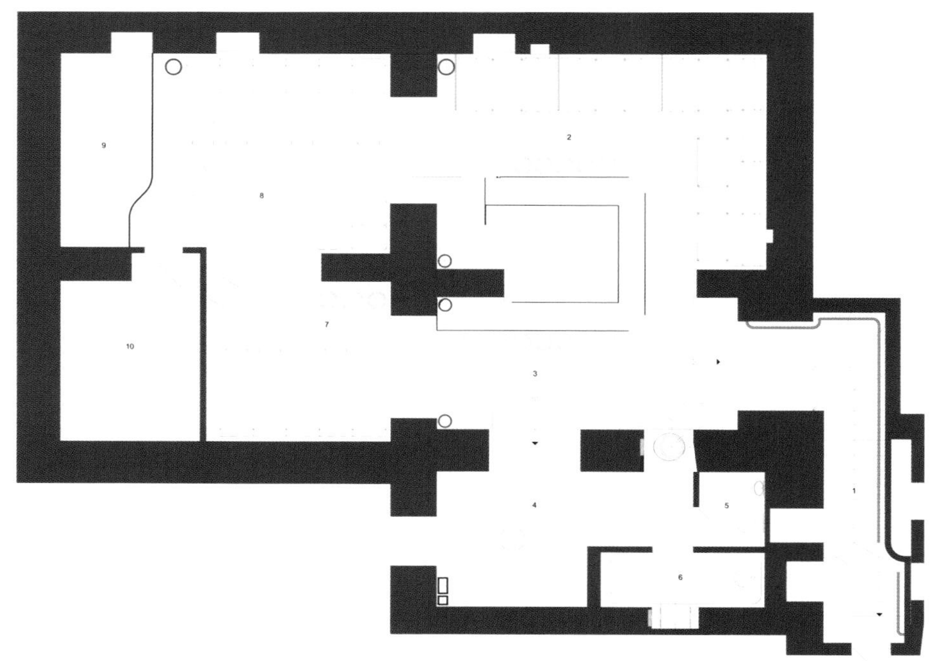

平面图

1/ 吧台
2/ 拱顶
3/ 琥珀色照明装置

4/ 座椅区
5/ 洗手间

5

Mad Giant 酒吧

Haldane Martin 工作室

项目地点 • 南非，约翰内斯堡
项目面积 • 1100 平方米
完成时间 • 2016
摄影 • 米基·霍伊尔（Micky Hoyle）

Haldane Martin 工作室参考金属组装玩具的比例设计了一间名为 Mad Giant 的酒吧。这个充满创意和暖意的工业空间赋予南非精酿啤酒的 DIY 精神以生命力，同时也为约翰内斯堡城市中心的改造做出了一定的贡献。

Mad Giant 精酿啤酒是一种南非啤酒，由 Eben Uys 研制酿造他是一位 30 岁出头的化学工程师，对于开发啤酒口味一直有着极大的热情，他渴望将科学与味觉结合起来，以此完成一场实验，于是创立了这家手工啤酒吧。Mad Giant 这个名字代表的是那些怀有大梦想且勇于做“疯狂”事情的小人物。

酒吧内部设计理念的重点在于“疯狂”，故设计师在规模上做出了大胆的尝试，试图表现出品牌背后的“巨人”意味，因而在室内设置了一个完美的品牌吉祥物形象——巨型雪人造型的装置变成了酒吧的核心装饰元素。啤酒瓶标签上新的品牌标志和其他平面设计材料也使用了这一装饰元素。

巨型雪人造型的装置有 23 英尺（7 米）高，采用激光切割的黄色镀锌钢板制成，直面入口大门。天花板上的聚光灯照亮了这个装置，无论从仓库的哪个角度看上去都非常醒目。装置底部是酒吧展台，这里设有环形吧台，吧台前面设置了 Mad Giant 精酿啤酒龙头。

巨型雪人脚下是一个铸模混凝土吧台，其外形好像一个巨型的瓶盖。主吧台后面还有三个简版的混凝土吧台，这里是品尝小吃的地方。

酒吧内的所有家具都是定制设计的，其中还包括一些由 Haldane Martin 设计的原创产品。这些产品是根据比例放大的 Meccano 组合模型打造而成的家具，它们将品牌理念可视化。除此以外，酒吧内还有各种充满玩味和童真色彩的壁画，仿佛将孩童般的梦想带进了现实。

Mad Giant 酒吧内外设有各种不同类型的座位，适用于不同的社交场合。户外的桌椅适合随性的客人或家庭小聚。室内空间摆放了长型酒吧桌和旋转吧台椅，更适合大型派对或陌生人社交，布局更加灵活，也更加方便交流。此外，四人座则更适合情侣或小型聚餐群体。餐厅后面还设有宴会席和二人座，这里更为私密，更偏向个性化的品酒体验。

室内空间的地面设计也别出心裁，通过不同材质的组合形成趣味图案。就餐区的地面由回收的罗德西亚柚木人字形地板铺设而成，并逐渐融合于混凝土地面之中；而另一侧的零售区则将人字形木地板与蜂巢形的黑白砖巧妙地组合在一起，形成有趣的渐变效果。

墙壁上灰色的涂鸦壁画由涂鸦艺术家 Nomad 绘制。墙壁上有四幅肖像画，其中一个是戴着头巾的妇女，另外三个分别是一个穿着小熊连体装的婴儿和两个带着护目镜的小孩。卫生间和厨房的墙壁上安装了六边形瓷砖。

这栋建筑已有 80 年的历史，在约翰内斯堡工业鼎盛时期曾是一家电梯厂，后来空置了多年，直到近年才被改造成 Mad Giant 酒吧。经过翻新后，外露的红色钢铁桁架契合了整体的红色调，并与外立面的红砖墙相结合，营造出浓厚的工业气息。前卫的美食理念与独树一帜的设计赋予了 Mad Giant 酒吧创新的灵魂，再现了没落场地的昔日辉煌，也给南非的金融资本中心约翰内斯堡注入了新的活力。

空间内的定制灯具也是由 Haldane Martin 亲自设计的，其中还包括厨房过道的黑色大吊灯，吊灯的金色内饰悬挂在红色的 Meccano 组合模型上；就餐区啤酒厅内的枝形吊灯，是用安装有 LED 灯泡的轮形 Meccano 组合模型制成的。室外的桌椅也是用等比例放大的 Meccano 组合模型定制而成的，其设计灵感来源于著名建筑玩具公司的组装式玩具。厨房过道的特色吊灯、就餐区啤酒厅内的枝形吊灯和桌子底座上的灯饰也使用了同样的设计技巧。

由仿旧皮革制成的宴会座椅是 Mad Giant 酒吧独有的设施。其造型灵感来源于传统餐厅座椅，拱背设计则参照了 Haldane Martin 设计的 Songololo 沙发。座椅的突出特点是靠背和扶手用仿旧皮革包覆，打造出一种美观的皮革褶边效果。

餐椅安装有钢筋扶手和椅腿，金属椅背和椅腿喷涂了亮红色的油漆，椅背上还用激光切割出 Mad Giant 的符号，座椅和椅背均覆有仿旧皮革，并用红线缝缀。

卫生间内设置了一些用红色工字梁改制的洗手台。瓶酒商店铺地瓷砖的六边形格子图案也出现在了卫生间，按比例缩小成了蜂巢形墙砖，厨房内的黑色六边形瓷砖与红色的瓷砖填缝剂形成反差。这些元素延续了建筑模块的主题，同时也间接提到了元素周期表，以此强化了品牌背后疯狂的科学家特性。

Haldane Martin 设计团队的办公地点位于开普敦，室内设计从概念向设施在约翰内斯堡与开普敦之间展开。项目进展十分顺利，客户和设计师都对设计成果非常满意。当酒吧大门向公众敞开时，这个服务于广大啤酒、食物和设计爱好者的独特、创新的空间便会引起公众的极大兴趣。

开创了新口味和具有标志性设计的 Mad Giant 酒吧，向勇敢的创新精神致敬，同时也见证了约翰内斯堡市中心的迅速复兴。这是一个突显区域变化的空间，这里曾经破败不堪，如今却恢复了往昔的辉煌。

1

2

位于约翰内斯堡市中心的 Mad Giant 酒吧的设计旨在体现 Mad Giant 的意识形态，并创造一个啤酒饮用者可以体验品牌理念自由、冒险精神的空间，同时，人们还可以在一个充满活力的环境内品味不同的味道和不羁的创意。

1/ 酒吧内的餐厅内景
2/ 由涂鸦艺术家 Nomad 绘制的涂鸦壁画
3/ 由仿旧皮革制成的宴会座椅

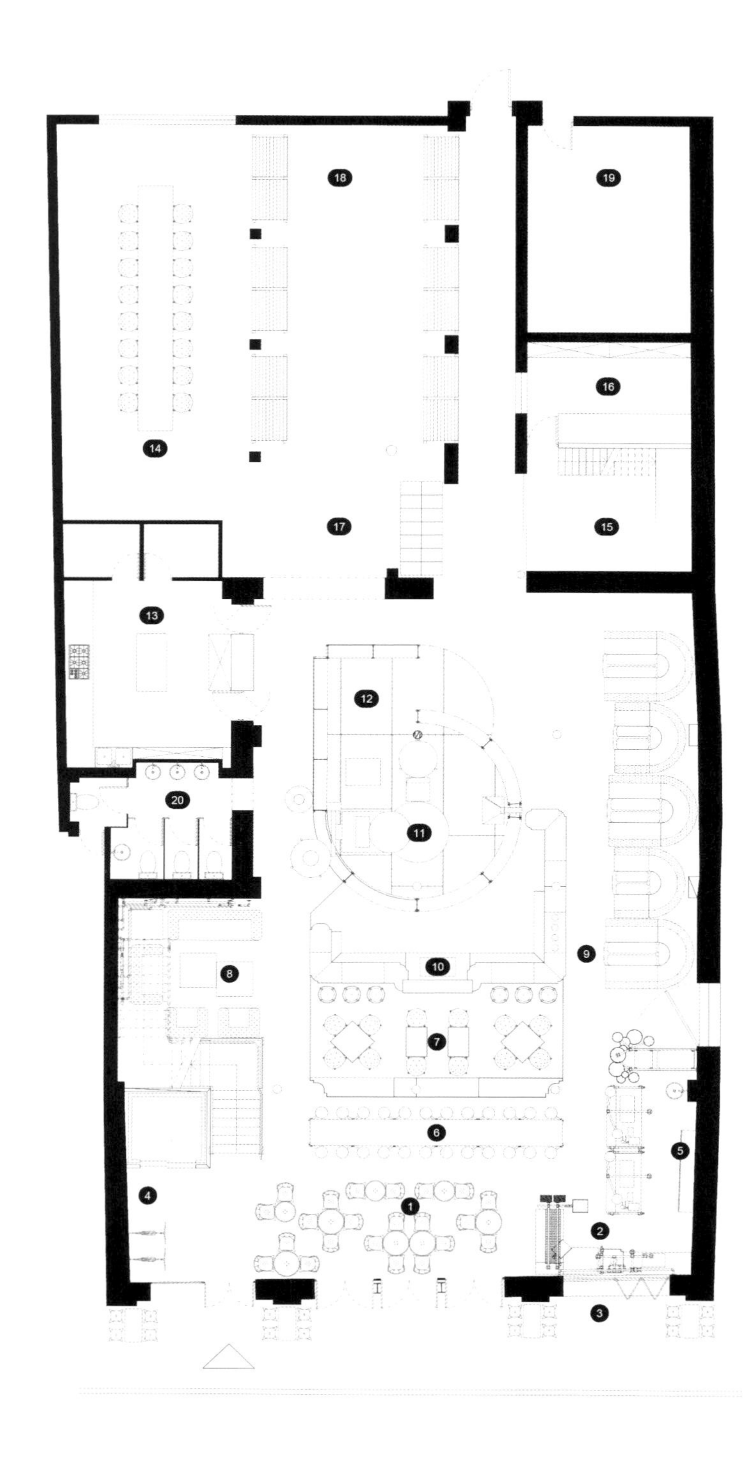

酒吧平面图

4/ 定制的高脚凳和涂鸦壁画

5/ 定制的吊灯、餐桌、座椅和涂鸦壁画背景

5

MEANTIME.
MEANTIME.
MEANTIME.
MEANTIME.
MEANTIME.
TASTING ROOMS PALE ALE.
BREWERY FRESH LAGER.
PILSNER LAGER.
YAKIMA RED.
LONDON PALE ALE.
MEANTIME.
MEANTIME.
LONDON PORTER
MINI IPA
MINI PORTER £4.95
RASPBERRY WHEAT £4.85
YAKIMA RED
WINTER SUN £5.00
WHEAT £4.50

Meantime Brewing 公司的品酒室

48 London 工作室

项目地点 • 英国，伦敦
项目面积 • 3000 平方米
完成时间 • 2015
摄影 • 迈克尔·弗兰克（Michael Franke）

作为英国最大的现代工艺酿造商之一，Meantime Brewing 公司近日推出了他们自己的品酒室，这里还设有零售店和酒吧，为来自世界各地的游客和啤酒爱好者及当地居民提供了一处休闲放松的空间。

品酒室和酿酒商店的设计反映了 Meantime Brewing 公司致力于提升英国酒吧的品质，以及改变人们对啤酒的认知这一理念。

委托方希望品酒室能够带给消费者一种沉浸其中的全新体验，消费者可以在酿酒厂中体验酿酒的整个过程，酿酒厂内还提供饮食、品酒和购物的空间。

48 London 工作室的设计彰显了 Meantime Brewing 公司对传统与创新的热情，努力为消费者营造一个多功能空间，实现了酒吧与零售服务的完美结合。

巨大的银色管脉垂落下来，成为零售空间内充满活力的主体标志。酿酒厂内设有为消费者提供便捷服务的交互式平板电脑、铝制的圆形桌椅、温暖的原色木制品，以及输送 Meantime Brewing 商品和休闲服装的定制单元。酿酒商店还有一间令人印象深刻的冷藏室，为消费者提供冰镇啤酒，方便其带回家继续享用。

品酒室为消费者创造了近距离感受酿造工艺的机会，并且允许消费者在品尝美酒的同时享用高品质的食物。酒吧内部是以裸露的砖墙和管道为背景的工业化风格，室内设计使用了不同质地的装修材料(包括回收的木头、仿旧的皮革、拼接陶瓷和长方形地砖)，还有复古风格的椅子和凳子，以及与之配套的中性色调的实用钢制方桌。这样精心的设计营造出一个温暖、精致，具有都市气息的开阔空间，巧妙地向注重工艺、崇尚传统和现代的 Meantime Brewing 公司致敬。

1-2/ 售卖区和品酒室

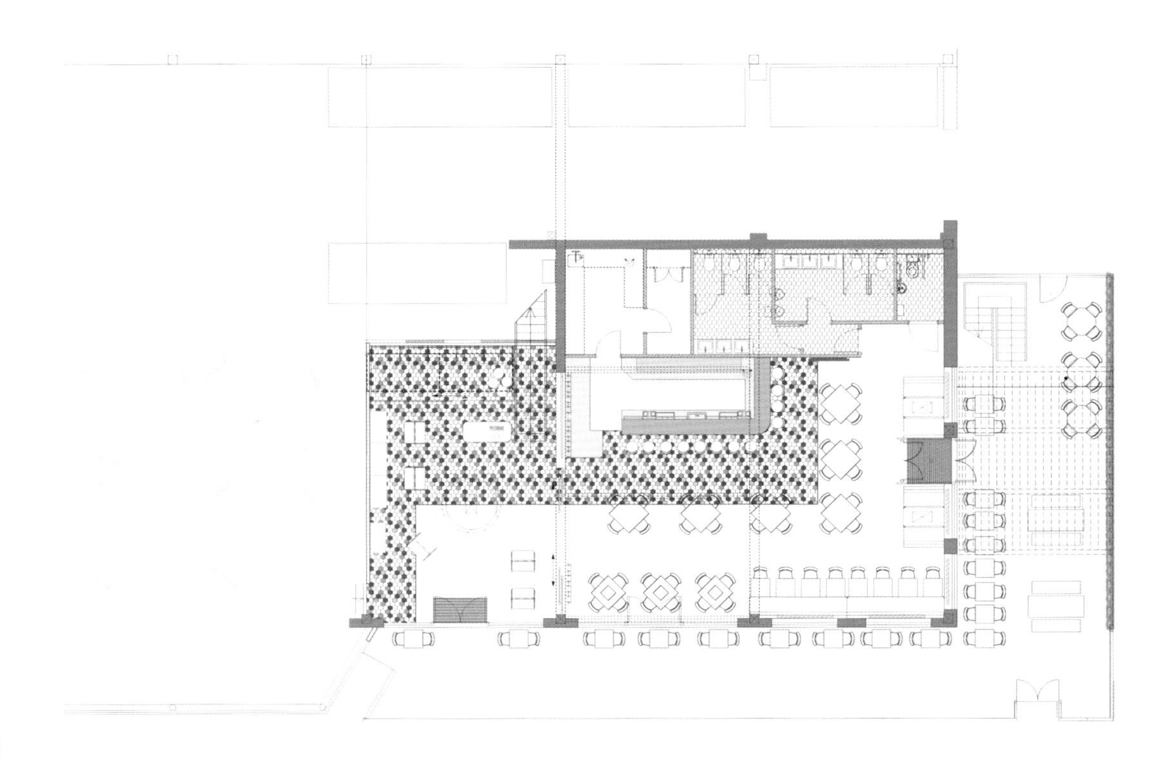

平面图

2

城中啤酒吧

Bond 设计工作室

项目地点 • 中国，杭州
项目面积 • 830 平方米
完成时间 • 2016
摄影 • Nacasa & Partners 股份有限公司
奖项 • 2016-2017 A' 设计大奖 - 室内空间、零售和展示设计奖

这家酒吧位于中国的一个郊区。其设计曾荣获“室内空间、零售、展览设计”大奖。酒吧由两个不同的高档空间组成：一个是小吃餐厅，另一个是工艺啤酒吧。为了使它们在功能上满足各种类型的使用需求，吸引当地的顾客，设计师将这两个独特空间融合在一起的想法成为本次设计背后的推动力。于是设计团队将这里打造成了一个装置艺术空间，漂亮的灯具发出柔和的光线，照亮了这个独特的酒吧。

这个空间被设计成艺术作品的室内固定装置组。始于入口处的复杂木制显示屏，这里有中国式的格子墙、美丽的彩色玻璃隔墙、精制的管道分隔装置和大量复杂的细部元素，包括遍布墙壁和天花板的复杂管道，带给人们一种工业的气息。最显著的特色是大量令人印象深刻的啤酒罐，设计师将它们放在透明的玻璃箱内，好像橱窗内的珠宝。这些元素组合将空间转化成一个装置艺术的集合空间。

在整个酒吧里，照明设施均以独特的方式精心安装而成。艺术和细部元素营造了一种温馨、热情的氛围，为顾客带来愉快的用餐体验。

玻璃啤酒罐箱内柔和的黄色光线突出了这里的机械设计。厨房上方的彩色玻璃显示屏给就餐区带来了绚丽的光芒，而大型工业吊灯则凸显了酒吧空间的连续性。机械主题和更加现代、雅致的照明装置形成对比，实现工业感与奢华感的完美融合，使顾客在用餐时也可享受这里的视觉盛宴。

在强化功能元素的工业感的同时，金色的色彩细节与柔和的黄色灯光装点着空间，营造出一种奢华的氛围。透明材料具有反光性，而多种材料的使用也为这个空间增添了有趣的质感。中国式的细节设计在家具和艺术材料的选择上有所体现，它们与工厂般的氛围实现文化交融。

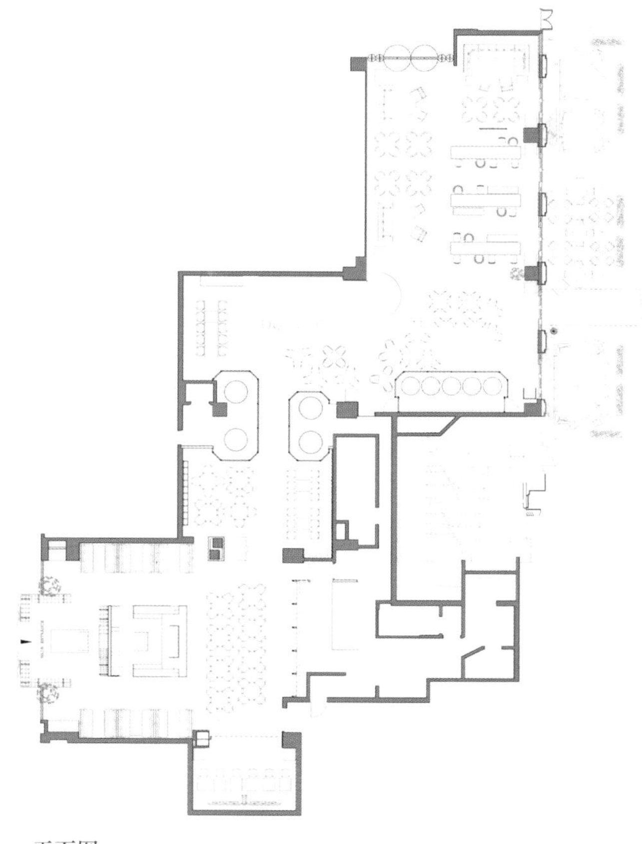

平面图

1/ 座椅区
2/ 吧台
3/ 就餐区

1

2

3

4/ 啤酒箱
5/ 入口
6/ 烘培区

5

6

纳曼度假村海滩酒吧

VTN Architects 事务所

项目地点 • 越南，岘港
项目面积 • 143 平方米
完成时间 • 2015
摄影 • 隐岐池内（Hiroyuki Oki）

这个海滨度假村位于连接岘港市和会安古城之间的主交通要道旁边，这里被设计成一个现代却具有宁静热带氛围的度假综合体，绿色植物、天然石材和竹子和谐相融。

海滩酒吧位于沙滩旁边，面向无边界泳池。这个半开放设计的空间提供了一片休闲区，客人可以在泳池前一边享用饮料一边欣赏前面海滩的风光。特别建造的斜屋顶是一个非常简单的结构，不仅不会干扰视线，还会吸引在餐厅用完餐的人们到这里喝上一杯。

酒吧用竹子和石头筑成。石头建造的空间可以用来存放服务设施，以满足酒吧的仓储需要。石墙也可起到支撑竹屋顶的作用。斜屋顶的主体结构由八个竹框架搭建而成。每个框架由弯曲的竹子组成，它们之间通过竹钉和绳索相连。这些框架被设计成垂直形状，海风穿过整个酒吧，为客人提供了一个凉爽的环境。

用于搭建主体结构的竹竿均出自项目场地。处理竹子的过程包括了火烤弯曲、用水清洗以及烟熏。整个过程持续了4个月，以便更好地提高竹子的质量。完成这个过程之后，框架在场地内完成预制，这样可以提高框架的精密度、减少施工时间。这种施工方式非常有效，也使施工期间的质量控制环节更易实现。屋顶材料为天然的茅草屋顶。这种材料与建筑周围的绿色景观一同营造了一种热带景象，增加了度假村的休闲氛围。

1/ 朝向海滩的酒吧内景
2/ 竹柱细部
3/ 酒吧内部的竹结构

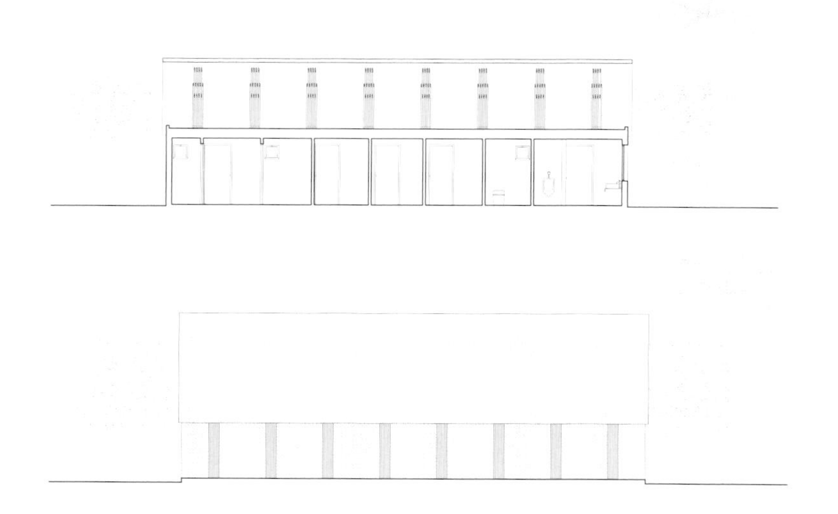

海滩酒吧剖面图

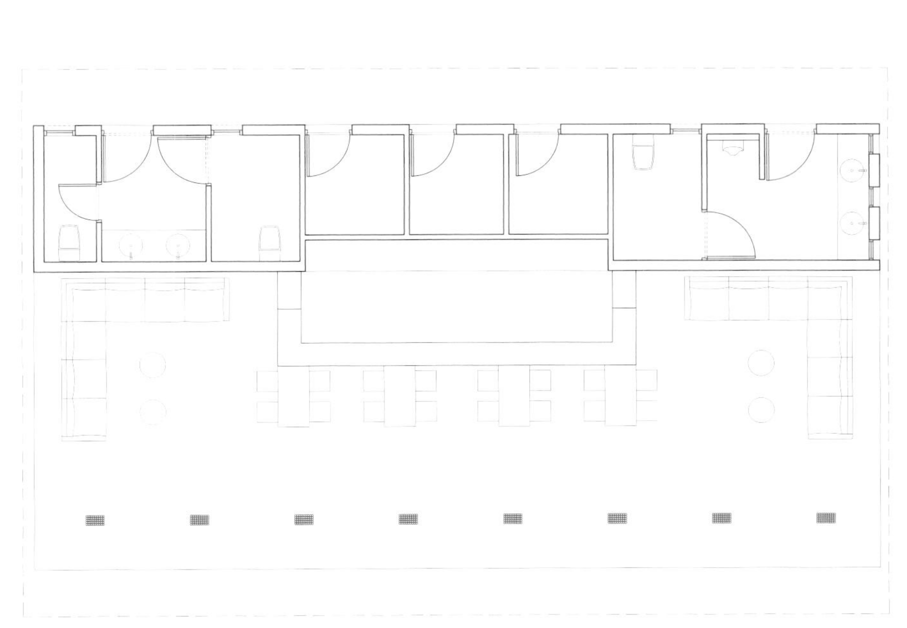

酒吧平面图

2

3

friday
saturday
monday
tuesday

Shishka 酒吧

安东诺夫·德米特里（IITM Architect 事务所）

项目地点 • 俄罗斯，莫斯科
项目面积 • 245 平方米
完成时间 • 2017
摄影 • 安东诺夫·德米特里（Antonov Dmitry）

该酒吧装修项目位于莫斯科历史中心的一栋老式单层建筑中。在一次改造后，天花板升高到了 19 英尺（5.8 米），并按照哥特式的建筑风格安装了全景窗户。设计团队希望将这栋单层建筑改造成一个带有地下室的建筑，可容纳 80 人。

设计团队决定增加一个楼层，并扩建地下室，这样可以拥有 3 个完整的楼层。为此，他们必须完全拆除所有现有的楼板，并重新建造，让顾客在屋顶也可以随意通行。除此之外，设计师还增设了两个楼梯，其中一个直接通向屋顶。

室内的装饰材料为桦木胶合板和松木。设计团队运用简单的技术解决方案设计出精巧复杂的造型。木料有自己的纹理，无须着色或是精细加工。

Rehau 窗户系统可以让建筑物的能耗得到最大化的优化。众所周知，莫斯科的冬天温度能够降到零下 20 度，而该建筑的玻璃占外墙总面积的 60%。为防止更多热量的流失，设计团队找到了一个有效的解决方案——Rehau/Delight 三室开窗法。

对于室内设计，设计团队选择了桦木胶合板和松木。以木材作为主要材料，设计师可以用简单的技术制作复杂的形状。而且，木材的天然纹理为设计提供了许多可能性。然而，地板虽然看起来像木头，但实际上却是意大利的陶瓷。客户想要一种不会随着时间的推移被磨损的地板。陶瓷地板看起来像是天然木材的外观，却相对更容易维护。

1

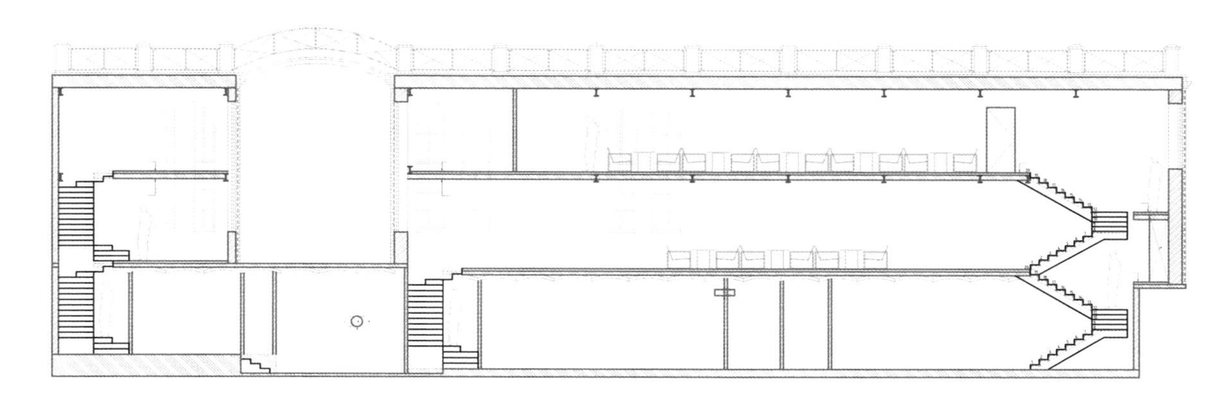

横剖面图

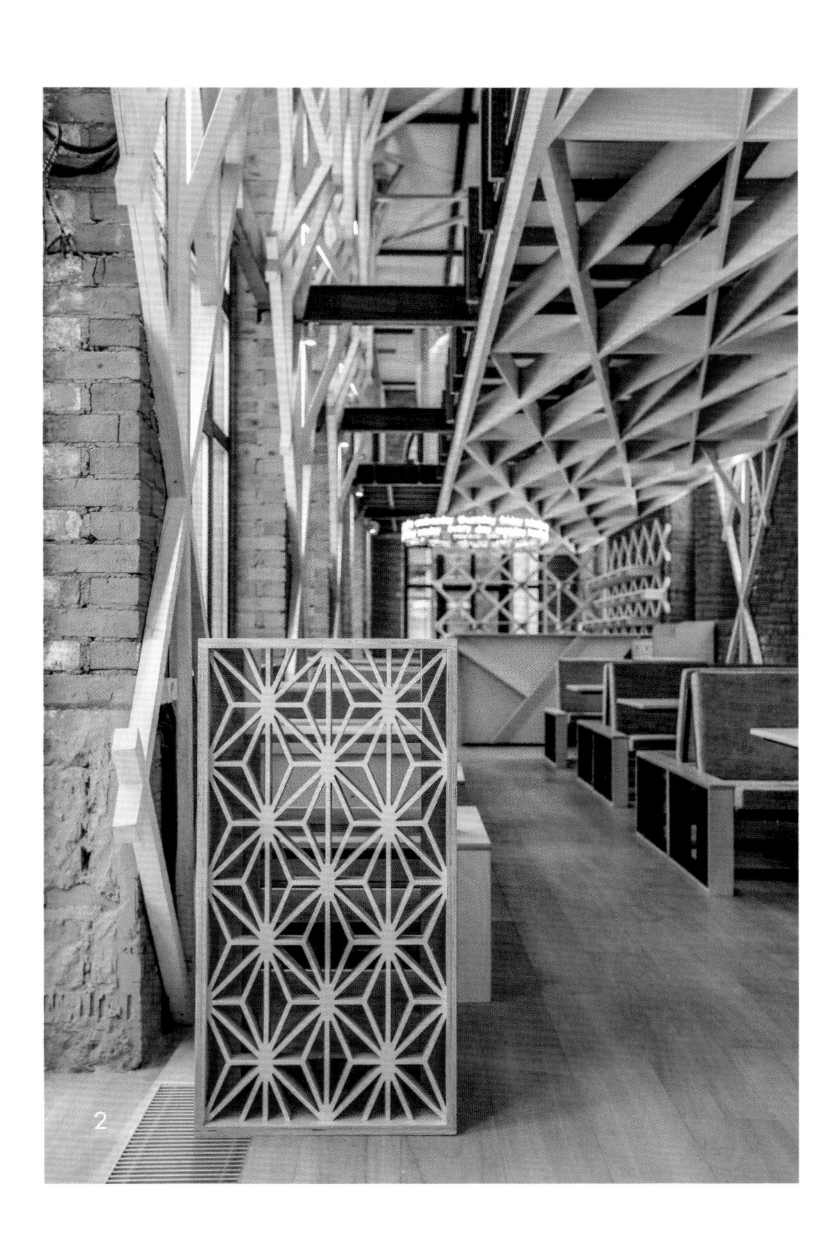

1/ 三室开窗法
2/ 座椅区

3/ 酒吧二楼的景象
4/ 吧台

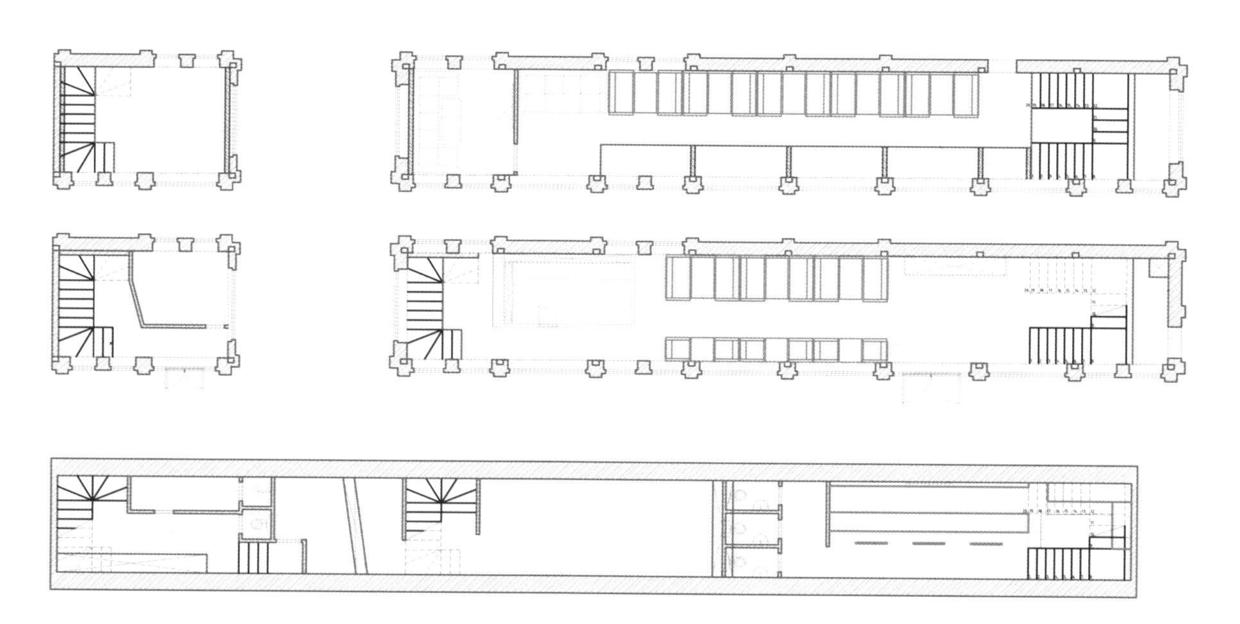

酒吧平面图

4

Wine Ayutthaya 酒吧

曼谷设计工作室

项目地点 • 泰国，大城府
项目面积 • 215 平方米
完成时间 • 2017
摄影 • Spaceshift 工作室

Wine Ayutthaya 酒吧位于大城府湄南河河畔，这里是品酒者休闲放松的好去处。400 年前，大城府曾是泰国的首都。该项目的设计初衷是使这里成为一个新的观光胜地，希望以此刺激这一世界遗产地周围社区的经济发展。该项目是建筑创新和环境脉络的产物，吸引了众多游客驻足。

单层建筑融入了精心设计的植物景观之中。建筑高 9 米，长宽均为 11 米，完全用钢芯胶合板建造而成。酒吧的内部设计分为 4 个层次，每个层次都有其独特的观景角度，内外空间形成鲜明对比。五个螺旋式楼梯通往各个平台。底层空间为酒吧，座位设置在楼梯之间。平台和楼梯都是很好的观景空间。

这种钢芯胶合板结构的设计灵感来源于当地的木结构建筑。可拆卸的华夫结构系统在视觉上非常轻盈，结构上又十分稳定，借助地板、墙壁和屋顶的设计裸露在外。外墙可以成为光线过滤器，有助于降低室内温度。此外，品酒者还能获得酒香与木香之混合味道的独特体验。

在这家酒吧内，胶合板这种通常用于内装的材料被用作酒吧的架构。此举不仅挖掘出新材料的潜力，同时也改变了胶合板的使用方式，使其从一种临时材料转变成一栋永久性的恢宏建筑。

五个螺旋式楼梯不仅给空间以无限循环的感觉，同时为酒吧建筑提供结构上的支持。此外，螺旋式楼梯已然成为新空间的一部分，以其不同寻常的设计和独特的空间体验不断吸引来访者的注意。

酒吧建筑利用树脂和一毫米厚的 PVC 材料来实现防雨防潮。从外面看，PVC 板的波动反射在视觉上软化了建筑的刚硬线条，而其具有的透明性也使建筑内部构造清晰可见。

Wine Ayutthaya 酒吧的设计目标是克服概念上的局限、应对材料和规模上的挑战，并使之成为复兴这一昔日宏伟古城之精神的艺术壮举。

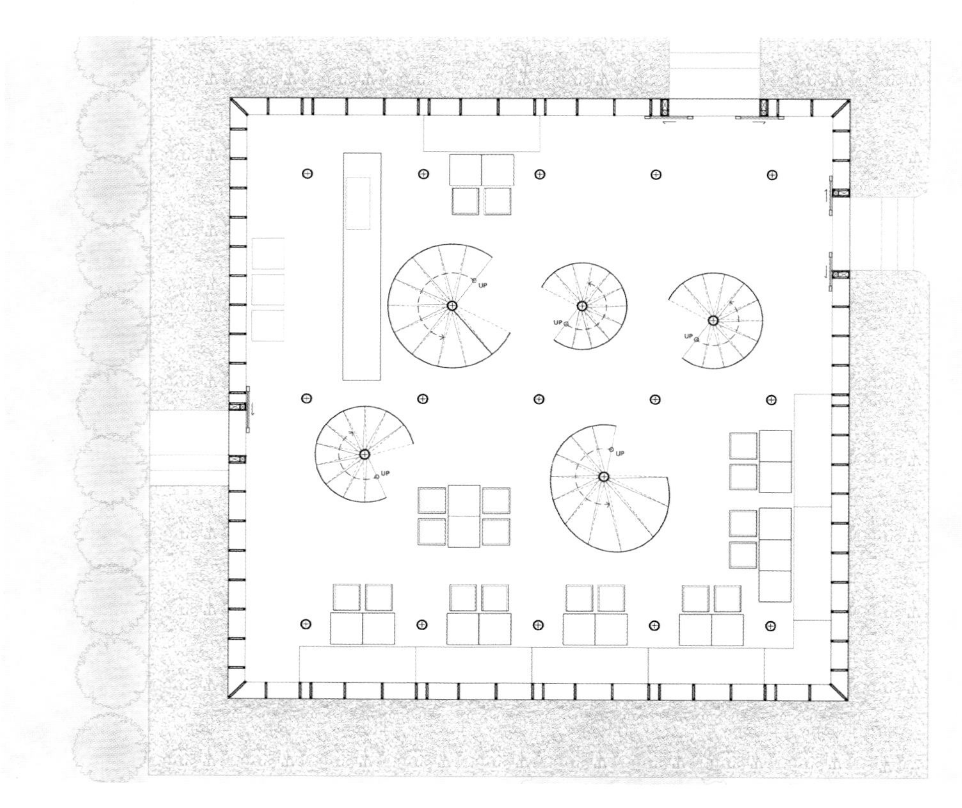

平面图

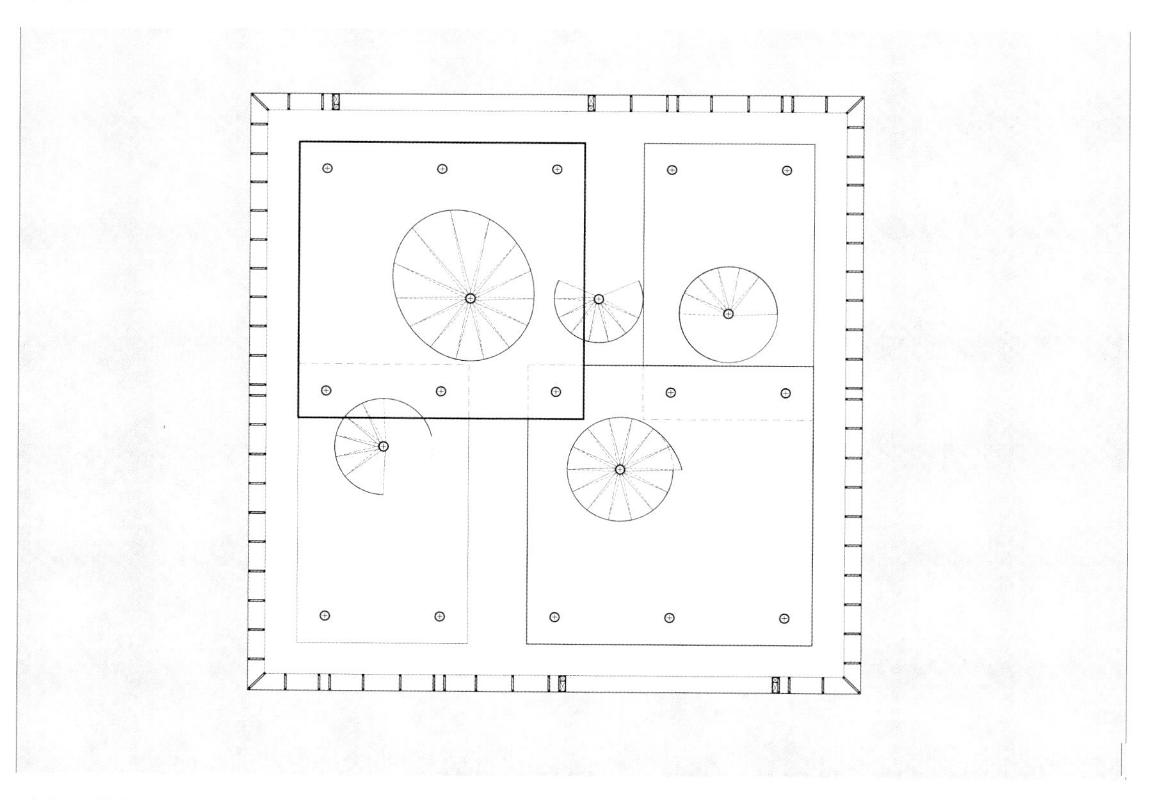

平台平面图

1/ 旋转梯鸟瞰图
2/ 木质旋转梯
3/ 观景台

左岸啤酒艺术工厂

LAD 设计工作室

项目地点 • 中国，广州
项目面积 • 1365 平方米
完成时间 • 2015
摄影 • 尚本广告设计 (Sunbenz AD)

左岸啤酒艺术工厂位于繁华市区的创意园内。在这个城市休闲区内，由 LAD 设计工作室修葺一新的德国工艺啤酒厂完全符合人们当下的生活状态。改造工程是一种对旧啤酒厂的记忆和保护。新旧一体，这是一个充满工业时代精神的休闲空间。

啤酒厂的旧楼被工业园区内的一家纸浆洗涤厂占用。设计师以钢材料、旧木料、水泥为主要原料，以此呼应粗糙、朴素的工业气质。

根据苏美尔人的记载，公元前 3000 年，两个人用芦苇管一起喝啤酒，从那以后，啤酒便成为友谊和社交的象征。室内体验空间之间的隔墙由厚钢材料和细网格结构构成的大型网状结构组合而成。因此，顾客可以看到彼此，隔着灰黑色的格栅一同举杯。二楼空间相对独立，这里的顾客不会受到他人打扰。

用旧木料和钢材料制成的桌椅被赋予德国式的稳重感和工业感。暖黄色的灯光和软质皮革家具增加了空间的温馨感和亲和力。家具的现代意义、旧工厂符号的历史意义、精致的细节和粗糙的空间为顾客创造了特殊的体验。

分散在酒吧内部的啤酒酿造桶是一种“程序装饰艺术”，与体验区融会在一起。醒目的金属色泽啤酒酿造桶吸引了顾客的目光，而旧工厂留下的木桶则是一种“时间雕刻艺术”，形成了独特的空间视觉焦点。新的空间属性使酒吧看起来像是苏美尔人狂欢节上的啤酒罐。

大扇窗户可以让缀以绿色植物的房间获得充足的光线。户外餐饮区是体验空间的延伸，延伸至整个空间，有助于顾客走进一个更广阔空间中的自然环境。

设计团队将项目的重点放在啤酒体验和啤酒酿造的功能性上，包括室内酿造空间和室内外体验空间。时间标记在这个休闲空间内随处可见。材料逐渐发生变化，人们也会在频繁使用的物品上留下痕迹，与发酵罐中的啤酒相映成趣。

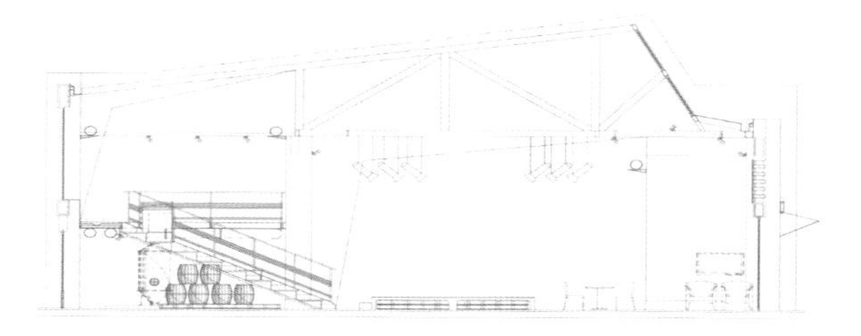

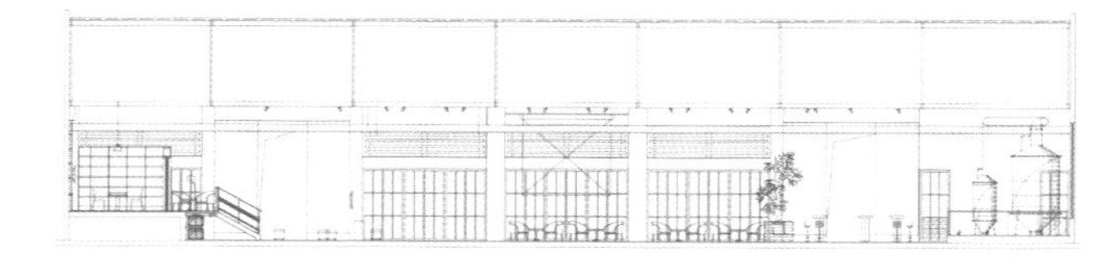

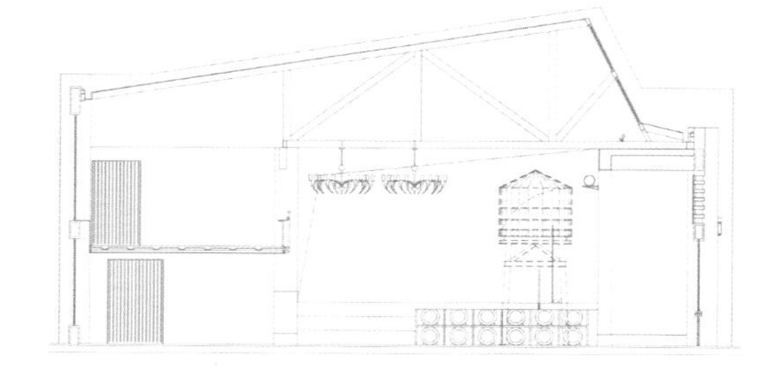

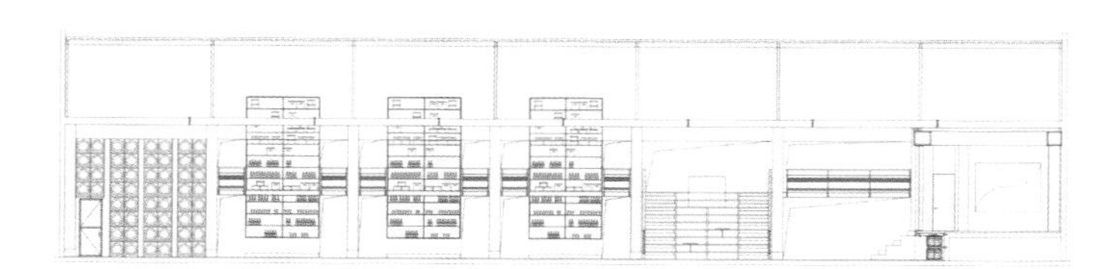

横剖面图

1

1/ 一楼表演区
2/ 啤酒桶装置
3/ 楼梯前景

4/ 酒吧二楼的 VIP 区
5/ 楼梯侧景
6/ 酒吧二楼的 VIP 区

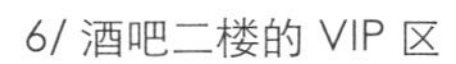

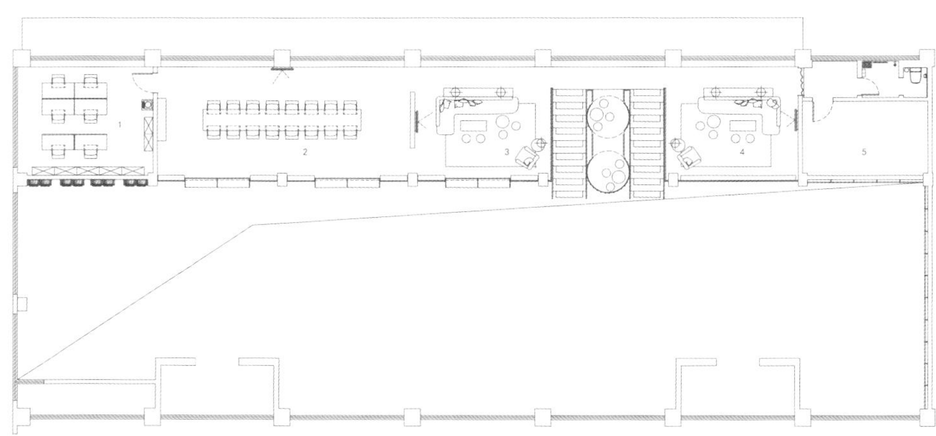

二楼平面图

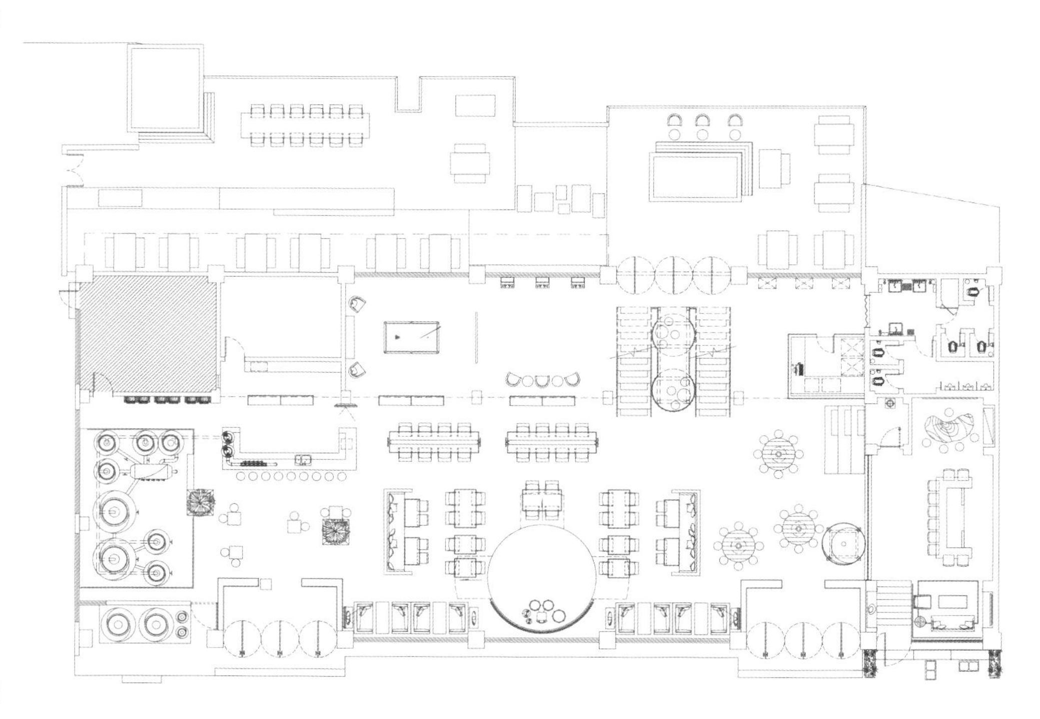

一楼平面图

5

6

索引

Innarch Team

P 096

+377 44 210 333

info@innar.ch

Ippolito Fleitz Group

P 134

+49 711 993392 337

info@ifgroup.org

Latitude

P 200

+86 135 2115 5594

manuel@latitude.archi

Lee Architectural & Engineering Design Group

P 246

+86 20 89303573

Lad_hk@163.com

LYCS Architecture

P 174

+86 571 86615392

press@lycs-arc.com

Make Architecture

P 184

+1 323 669 0278

admin@makearch.com

NC Design & Architecture Limited

P 050 / 056

+852 29158088/ +852 96393081

johnliu@ncda.biz

Olson Kundig (Tom Kundig)

P 194

+1 206 624 5670

info@olsonkundig.com

Rockwell Group

P 128

+1 212 463 0334

spawar@rockwellgroup.com

Roito Inc.(Ryohei Kanda)

P 076

+81 3 6447 2674

info@roito.jp

Sans-Arc Studio

P 112

+61 3 8578 6795 / +61 4 21 922 907

sam@sansarcstudio.com.au

Space Modification Unit

P 038

+86 18500022493

glo@s-mu.com.cn

Studio 48 London

P 222

+44 20 3004 4848

contact@studio48london.com

Studio A

P 148

+27 82 444 2870

tristan@studioaprojects.com

Studio Ramoprimo

P 188
+86 186 1400 0350
info@ramoprimo.com

Studio Waffles

P 174
+86 13918869507
press@studiowaffles.com

TAMEN arquitectura

P 142
+52 662 108 1500
ale@tamen.mx

The 6th-Sense Interiors

P 084 / 090 / 106
+40 745 468 109
contact@6sense.ro

The Goort

P 024
+38 097 284 07 02
thegoort@gmail.com

The Wholedesign Inc.

P 064
+81 3 6303 1360
tokyobranch@thewholedesign.com

TOWO Design

P 070
+86-21-37653606
info@towodesign.com

VTN Architects

P 232
+84 24 5736 8536
hcmc@vtnaa.com

YOD studio of commercial design

P 210
+380 95 152 44 68
yodlab.pr@gmail.com

图书在版编目(CIP)数据

酒吧设计艺术/(西)娜塔莉·卡纳斯·波索编;潘潇潇译.—桂林:广西师范大学出版社,2018.3
ISBN 978-7-5598-0618-5

Ⅰ.①酒… Ⅱ.①娜… ②潘… Ⅲ.①酒吧-建筑设计 Ⅳ.①TU247.3

中国版本图书馆CIP数据核字(2018)第016041号

出 品 人:刘广汉
责任编辑:肖 莉
助理编辑:刘欣桐
版式设计:高 帅

广西师范大学出版社出版发行
(广西桂林市五里店路9号 邮政编码:541004
网址:http://www.bbtpress.com)
出版人:张艺兵
全国新华书店经销
销售热线:021-65200318 021-31260822-898
恒美印务(广州)有限公司印刷
(广州市南沙区环市大道南路334号 邮政编码:511458)
开本:635mm×965mm 1/8
印张:32 字数:24千字
2018年3月第1版 2018年3月第1次印刷
定价:268.00元